De l’origine des êtres

De l'origine des êtres

La lutte pour l'existence, la sélection naturelle et la sélection sexuelle

Émile Blanchard

Ed. LM

ISBN : 978-2-36659-829-2
EAN : 9782366598292

Chapitre I.
La variété des espèces et la lutte pour l'existence

Comme une prodigieuse énigme s'offre à l'esprit humain l'apparition des êtres à la surface du globe. Il fut un temps où les conditions de la vie n'existaient pas sur la terre. Le jour est venu où ces conditions ont été réalisées ; la terre s'est couverte de végétation et s'est peuplée d'animaux ; l'homme a été créé. Cette vérité, conforme au sentiment général manifesté chez les nations dès l'antiquité, se démontre par la structure de l'écorce terrestre et par la présence des débris organiques. Maintenant, si l'on cherche à se figurer la naissance de la vie, à saisir la manière dont elle s'est produite, tout effort de la pensée demeure stérile. Les merveilleuses découvertes de la science permettent de tracer avec certitude une partie de l'histoire du monde dans les âges reculés, de rendre une sorte d'existence aux aspects de la nature pendant des périodes successives, elles n'apportent aucune lumière sur l'origine des êtres. Les magnifiques résultats acquis par les investigations modernes font prévoir encore d'immenses progrès dans la connaissance des surprenants phénomènes dont notre planète a été le théâtre ; ils n'autorisent pas à espérer que l'on apprendra un jour de quelle façon les êtres ont surgi. Le commencement semble devoir rester à jamais impénétrable pour l'intelligence humaine.

L'ardeur qui pousse certains esprits à s'inquiéter de l'origine des êtres paraît néanmoins le signe d'une noble ambition, — malavisés ceux qui voudraient la condamner ! Dans les élans pour entrevoir le monde à son début et comprendre les causes de la multiplicité des formes végétales et animales, la pensée s'élève parfois en raison de la grandeur du sujet qui l'attire. Les tentatives pour faire jaillir la lumière sur la création à l'aide de la science auront pour dernier résultat de mieux assurer la reconnaissance des vérités. Après avoir séduit ou égaré la foule, les interprétations audacieuses, les fantaisies de l'imagination perdront tout charme en présence des faits bien appréciés. Les engouements irréfléchis passent avec l'étude profonde, les erreurs disparaissent.

Des idées sur l'origine des espèces déjà un peu anciennes et longtemps assez dédaignées, tout à coup rajeunies par une exposition habile et les apparences d'une science solide, ont provoqué des enthousiasmes. M. Darwin a occupé l'opinion ; il est devenu presque populaire. Les investigateurs en général ont montré peu de goût pour des hypothèses fondées sur des notions vagues, incomplètes ou inexactes et souvent contredites par les faits ; au contraire des gens qui ne songent guère la plupart à s'appliquer à des études longues et pénibles se sont passionnés pour une doctrine.

La variabilité au sein de la nature, la variabilité dans l'état de domesticité, la lutte pour l'existence, la sélection naturelle, puis la sélection sexuelle, ont ravi les âmes simples. Les transformations indéfinies, l'évolution incessante, les perfectionnements continus, ont donné des émotions comme autrefois la croyance que le vil métal pouvait se changer en or pur. A considérer la foi naïve de beaucoup de lecteurs de l'ouvrage sur *l'Origine des espèces*, surtout il y a quelques années, un homme arrivant d'un long voyage se serait persuadé que M. Darwin avait ouvert une fenêtre d'où l'on voit clairement les formes végétales et animales toujours se diversifiant et toujours se perfectionnant depuis la première apparition de la vie jusqu'à l'époque actuelle. Le livre a eu des apologistes, et les détracteurs n'ont pas manqué ? mais, chose étrange, de part et d'autre on s'en est tenu à des généralités ; pour le grand nombre, c'était une affaire de sentiment.

Dans une circonstance, la valeur et la portée des assertions du naturaliste anglais ont été discutées en France sans autre préoccupation que la vérité scientifique ; la discussion eut lieu dans une enceinte close. Louis Agassiz, l'observateur plein de sagacité, le penseur profond, le savant illustre, se proposait de ramener l'attention publique sur les faits qui éloignent absolument l'idée d'une évolution perpétuelle ; il est mort, ayant dicté à peine quelques pages. Heureusement on ne perd jamais l'occasion d'appeler tous les yeux à voir la réalité, — et fort simplement nous allons examiner ce que l'observation et l'expérience des siècles et ce que la science moderne nous apprennent au sujet de la vie des êtres en remontant le plus loin possible dans le passé.

I

A toutes les époques et dans tous les pays, les hommes accordant au moins par nécessité une attention superficielle aux plantes et aux animaux ont eu l'idée des distinctions d'espèces. L'homme des îles de la mer du Sud, cueillant les fruits du cocotier, ne doute pas de la nature propre de l'arbre. Le vieux Celte, errant sous les fourrés des sombres forêts, n'imaginait certainement pas que les chênes et les hêtres fassent d'une essence commune. A la vue d'une plante ou d'un animal dont les individus se font remarquer en plus ou moins grande abondance, chacun par instinct se persuade qu'à toutes les générations l'espèce demeure à peu près pareille. L'investigation scientifique a commencé sous l'empire de ce sentiment ; d'une manière très générale, elle a été poursuivie sans faire changer la croyance primitive. N'ayant nul souci des origines, les observateurs occupés de l'inventaire de la nature constatent les différences entre les êtres ; ils déterminent, ils décrivent les espèces. Le travail est en voie d'exécution depuis deux siècles ; personne n'en prévoit l'achèvement prochain.

Chaque région du monde qu'on explore fournit en quantité des végétaux et des animaux qui n'existent pas ailleurs. Dans les pays où les récoltes des naturalistes ont été incessantes, les êtres de petite taille ou de peu d'attrait longtemps négligés, venant à être recueillis par des amateurs de sujets nouveaux, s'offrent encore en nombre prodigieux. Botanistes et zoologistes d'un certain ordre se réjouissent de voir tant de richesses ; avec une patience inaltérable, ils continuent à distinguer et à décrire les types. D'un autre côté, en présence de myriades de plantes et d'animaux qui, parfois dans les mêmes genres, témoignent d'une singulière parenté, des savants ou des philosophes s'étonnent. Entraînés soit par une forte répugnance à s'inquiéter de minutieux détails, soit par des vues plus ou moins scientifiques, ils se refusent à croire qu'une telle diversité soit originelle. Paraissant compatir à la peine que se serait donnée le créateur, ils n'hésitent pas à se prononcer pour la simplicité au point de départ.

Les espèces du même genre ou de la même famille, laborieusement étudiées par les classificateurs, descendraient d'une souche unique : un organisme sans doute très imparfait, — on ne s'est jamais nettement expliqué à l'égard de ces organismes imaginaires. Si l'hypothèse était fondée, il n'y aurait pas d'espèces dans le sens qu'on attache à ce mot. Façonnés et modifiés de mille manières selon les circonstances, les êtres changeraient de forme, de couleurs et d'aptitudes comme les peuples changent de costume. Les partisans de l'idée des transformations indéfinies citent avec bonheur les incertitudes des naturalistes au sujet des caractères de bon nombre de plantes et d'animaux ; ils rappellent avec joie les fautes commises ; ils insistent sur les variations individuelles et supposent que ces variations doivent être sans limites. On sera fixé sur tous les points, si l'on considère un instant la marche de la science, et si l'on arrête l'esprit sur les faits le mieux constatés.

Les erreurs se produisent et les incertitudes subsistent lorsque le savoir est très borné, elles disparaissent dès que l'observation et l'expérience ont été suffisantes. L'étude des distinctions d'espèces n'est pas toujours facile. Parfois le mâle et la femelle présentent d'étranges contrastes ; au premier abord, on sépare ceux que la nature rapproche, dans le monde des oiseaux et des papillons, chacun le sait, il y en a de nombreux exemples. Souvent aussi les enfants du même père et de la même mère sont loin d'être pareils ; on prend des frères et des cousins pour des étrangers. Par suite de l'influence du climat ou de la nourriture, des espèces disséminées sur de vastes étendues se sont légèrement modifiées sous le rapport de la taille, de la couleur, de l'aspect ; en voyant quelques individus tirés de pays éloignés, on méconnaît leur intime parenté. De telles fautes sont inévitables au début des recherches. Dépourvu des moyens d'information nécessaires, l'observateur le plus attentif, doué de l'esprit le plus pénétrant, demeure incertain ou tombe dans l'erreur. Aux difficultés naturelles du sujet s'ajoute le trouble provenant de l'inhabilité ou du défaut d'application d'une foule d'investigateurs. Le travail est libre, et partout les bons ouvriers sont rares. N'est-ce pas d'ailleurs la règle générale que la vérité ne se dégage qu'après avoir été longtemps voilée ?

Au siècle dernier et même au commencement de notre siècle, les beaux oiseaux et les magnifiques insectes recueillis dans les contrées lointaines excitaient à la fois surprise et admiration. Au plus vite, des amateurs traçaient la description des brillants animaux et attribuaient des noms aux espèces. L'opération ne coûtait pas de longues peines ; les mâles, les femelles, les jeunes sujets distingués par les couleurs étaient comptés comme autant d'espèces. A l'examen superficiel, succéda l'étude ; peu à peu, on apprit à connaître dans chaque groupe du règne animal les signes particuliers de l'un et de l'autre sexe ; on fut avisé par des voyageurs que des individus fort dissemblables avaient été rencontrés en état de mariage ; les fautes des premiers naturalistes étaient effacées. De nos jours, les méprises occasionnées par les différences sexuelles sont devenues rares. Les variations individuelles peuvent encore être la source de fréquentes erreurs ; mais, après avoir considéré de quelle façon la lumière s'est faite à l'égard d'une foule de plantes et d'animaux, on acquiert la certitude que toute obscurité finira par se dissiper. Maintes fois, en présence de quelques sujets, les observateurs ont pris pour des espèces distinctes de simples variétés ; un peu plus tard, les comparaisons portant sur une masse considérable d'individus, il a été facile d'apprécier exactement le caractère des différences. Dans nos musées d'histoire naturelle, ici un mammifère ou un oiseau, là de rares insectes apportés de terres lointaines, attirent l'attention par une physionomie un peu singulière ; peut-être ne parviendra-t-on pas à les bien déterminer jusqu'au moment où du pays d'origine viendront d'autres représentants des mêmes races. Pour bien connaître une espèce, il faut l'étudier chez une multitude d'individus, la suivre dans son aire géographique, l'observer dans son organisation, ses mœurs, ses habitudes, ses instincts à toutes les phases de la vie, et souvent encore recourir à des expériences. Un pareil travail est prodigieux ; déjà poussé loin pour bon nombre des êtres qui habitent l'Europe, doit-on s'étonner de le trouver à peine commencé quand il s'agit des légions de créatures répandues dans le reste du monde ? Présenter les doutes qui proviennent de l'ignorance comme une preuve de l'instabilité des formes végétales et animales est une pensée malheureuse.

Nulle définition de l'espèce n'a pu satisfaire tous les naturalistes, répète M. Darwin. Rien n'est plus réel, seulement il convient d'ajouter que sur aucun sujet l'entente ne s'établit d'une manière aussi complète entre les auteurs. Personne sans doute ne sait dire à quels signes généraux on distingue les espèces, et néanmoins, instruit par l'observation et l'expérience, le classificateur demeure convaincu, avec Linné, que « le semblable engendre toujours son semblable, » — avec Cuvier, que l'espèce est représentée par les êtres « nés les uns des autres ou de parents communs, et de ceux qui leur ressemblent autant qu'ils se ressemblent entre eux, » — avec la plupart des investigateurs, que l'espèce est assurée par la fécondité qui se perpétue, enfin qu'elle est une forme organique primitive. Depuis beaucoup plus d'un siècle, des centaines de zoologistes et de botanistes disséminés dans toutes les villes du monde où la science est plus ou moins en honneur travaillent à cet édifice colossal qu'on a nommé l'inventaire de la nature ; sans exception, ils se conforment au plan que Linné a tracé. Par un phénomène dont l'explication nous manque, des partisans de l'idée des transformations illimitées, pris du goût de faire connaître de nouveaux types, les décrivent absolument comme les autres naturalistes ; dans la circonstance, l'idée est mise en réserve.

Ceux qui s'en tiennent à des formules peuvent croire que tout est vague : au contraire, ceux qui s'instruisent par une pratique indispensable sont également saisis par l'évidence des faits ; un pareil concert ne s'établit pas sans fondement solide. La dispute s'élève tant que les informations demeurent trop restreintes ; tel auteur, s'appliquant sur un groupe d'individus à l'examen de petites particularités, se croit en possession de plusieurs espèces, tel autre se persuade que ce sont des variétés de la même espèce ; mais dès l'instant que les faits acquis permettent de se prononcer avec certitude, à tous les yeux la cause est gagnée d'une manière définitive. Un oiseau jeune, apporté de loin, n'a pas le plumage des adultes, on le cite comme un oiseau particulier ; que l'observation se poursuive, l'erreur est de courte durée. A présent encore, les caractères de certains végétaux de notre pays, les églantiers, les ronces, les épervières, donnent lieu à des controverses, l'étude comparative de ces plantes ne suffit pas à dissiper les doutes ; des expériences seront entreprises : on ira semer les graines des uns dans le terrain où poussent les autres, et la lumière jaillira pour tout le monde. A une époque assez récente, de curieux animaux marins étaient regardés comme des types de la classe des crustacés ; on vient à découvrir que ce sont des crabes et des langoustes dans le jeune âge ; la démonstration faite, l'erreur des anciens jours est à jamais effacée. Ainsi avec lenteur, mais avec sûreté, se réalise le progrès dans la connaissance de la création.

II

La variabilité dans la nature fournit à M. Darwin un beau sujet pour ouvrir la carrière à l'imagination. Les différences plus ou moins prononcées que chacun remarque entre les individus nés des mêmes parents seraient l'origine des espèces dont les naturalistes forment des genres et des familles. Il s'agit tout simplement de supposer que de légères déviations du type se transmettent à la descendance et acquièrent une sorte de fixité. L'observation constante d'une multitude de créatures ne semble pas permettre qu'on s'arrête un instant à une semblable hypothèse, mais l'aimable rêveur ne s'en embarrasse nullement ; il accorde que d'innombrables générations, que des milliers d'années sont nécessaires pour amener la diversité. Après cela, il attend avec confiance qu'on apporte la table généalogique de nos espèces depuis quelques cent mille ans. La suite le montrera ; on tient au moins des lambeaux de cette table.

La variabilité n'affecte pas au même degré toutes les espèces ; presque insensible chez les unes, elle est saisissante chez les autres. On s'étonnerait volontiers ici de ne voir que des individus toujours pareils, là, de ne jamais rencontrer deux individus à peu près semblables ; la cause de la tendance à la variation plus ou moins prononcée qui se manifeste chez les plantes et les animaux nous échappe dans la plupart des circonstances. Par une longue application sur les caractères des êtres, on arrive à se convaincre que les plus grandes limites de la variabilité d'une espèce sont encore fort circonscrites. La taille et les couleurs ont souvent trompé les observateurs ; c'est ce qui change le plus, ce qui frappe davantage les yeux et ce qui a le moins d'importance. Des systèmes de coloration se modulent avec une extrême facilité. Les taches et les raies noires ou brunes sur un fond blanc, jaune, fauve ou rouge, de même que les marques de nuance claire sur un fond obscur, ont peu de fixité ; les mouchetures du plumage des oiseaux de proie, ou du pelage de plusieurs mammifères du genre des chats, en offrent des exemples. Lorsque deux couleurs se trouvent entremêlées, il est fréquent de voir l'une tantôt gagner, tantôt perdre sur l'autre. Chez des animaux qui vivent sous des climats divers, l'origine des individus nés dans les pays chauds est quelquefois trahie par l'intensité des tons, et pourtant sur la parure de beaucoup d'oiseaux et d'insectes on chercherait en vain à découvrir l'action faible ou puissante du soleil. C'est encore un grand secret que la condition du développement des couleurs. A une époque, la pensée des teintes sombres des bêtes nocturnes et des vives nuances des belles créatures des régions tropicales nous portait à faire honneur à la Lumière de ce qu'il y a de mieux peint dans le monde. Une expérience ne pouvait-elle pas amener une révélation ? Tout le monde connaît le charmant papillon de nos jardins et de nos campagnes, que de son nom vulgaire on appelle le *paon de jour ;* on le choisit pour l'expérience. De jeunes chenilles prises au moment de la naissance furent élevées dans une complète obscurité ; elles se transformèrent en chrysalides, et l'éclosion des papillons s'effectua dans une nuit profonde ; les ailes des paons de jour n'avaient en rien changé ; elles étaient aussi fraîches que chez les individus développés en pleine lumière. Nous songions bien à profiter des centaines de milliers d'années que M. Darwin nous aurait accordées ; mais nos papillons refusèrent obstinément de contracter mariage avant d'avoir été se chauffer au soleil ; l'expérience se trouva donc fatalement arrêtée.

Sous l'influence de la lumière bleue, verte, jaune ou rouge, tout se passa comme dans l'obscurité ; aucune nuance ne fut modifiée. La production des couleurs chez les êtres reste donc un phénomène inexplicable. Par l'examen d'une multitude d'espèces qui vivent sous des climats très divers, on reconnaît que même cette variabilité des couleurs est contenue dans des limites bien étroites, et qu'elle se manifeste surtout dans la répartition des teintes juxtaposées ou dans une faible altération de nuance comme le passage du bleu au vert ou au violet ; du rouge au jaune, du noir au brun, ou encore dans la dégénérescence dont l'albinisme est l'exemple le plus évident. La taille et les couleurs saisissent au premier regard ; elles ne sont jamais les signes d'une modification dans les caractères essentiels de l'espèce. Les autres variations sont également très superficielles. Le poil des mammifères est plus ou moins touffu ; personne ne juge que l'animal change de nature parce qu'il est mieux vêtu l'hiver que l'été ou dans la jeunesse que dans la vieillesse. Des parties secondaires qui se répètent avec une sorte d'uniformité varient dans une certaine mesure ; le nombre des rayons des nageoires chez les poissons n'est pas constant, moins encore celui des écailles ; sous ce rapport, on reconnaît, que des différences existent presque toujours entre les individus provenant de la même ponte et qu'elles ne se fixent en aucune manière par voie d'hérédité. Les stries, les cannelures, les ponctuations, les sculptures, qui ornent le corselet et les élytres chez une infinité d'insectes peuvent être plus ou moins prononcées ; on a par mille observations l'assurance que ces détails décoratifs ne coïncident avec aucun changement appréciable dans l'organisme. Que M. Darwin s'inquiète des légères particularités individuelles que les anatomistes constatent à l'égard des dents, des muscles, des artères ou des veines, soit chez l'homme, soit chez les animaux, c'est vraiment trop de bonne volonté pour découvrir des indices de la mutabilité des êtres. Entre deux coups de cognée, le pauvre bûcheron lui-même affirmerait qu'en accumulant les millions de feuilles des chênes de la forêt, on ne parviendrait point à en trouver deux exactement semblables. Tout dans la nature en effet nous montre l'existence de formes nettement définies, sans possibilité de rencontrer nulle part l'identité absolue.

La dissémination des êtres s'est opérée dans le monde d'une façon fort inégale. Telle espèce demeure confinée dans une petite région, telle autre existe sur d'immenses étendues ; — pareille diversité est faite pour instruire. Vient-on à explorer un pays d'un accès difficile, où l'état primitif n'a point été troublé, les espèces végétales et animales qu'on observe ne sont pas la plupart celles des contrées voisines. Des exemples de ce genre semblent attester que les naturalistes ont raison de distinguer des centres ou des foyers de création. Par des causes diverses, la distribution des plantes et des animaux s'est modifiée sur la terre. A la faveur de la configuration du sol et des courants de l'atmosphère, se sont rapprochés des êtres qui à l'origine vivaient éloignés les uns des autres. Les travaux de l'homme ont beaucoup contribué à la dissémination de certaines espèces. Nous avons un jour indiqué ce résultat en signalant le curieux caractère de la flore et de la faune du Thibet oriental que le père Armand David fit connaître, il y a peu d'années. Avec le progrès de la civilisation, des passages ont été pratiqués, des obstacles abattus, de vastes espaces couverts de cultures semblables ; une sorte d'uniformité régna dans les lieux où le magnifique désordre de la nature sauvage empêchait autrefois toute créature de parcourir un long chemin. Aussi en Europe, plus encore que dans les autres parties du monde, des végétaux et des animaux se sont répandus de proche en proche. La mer n'est pas toujours une barrière infranchissable ; des graines entraînées par le flot iront peut-être germer sur une plage bien lointaine, des insectes légers, comme des papillons, pouvant se maintenir dans l'air, se trouvent parfois des rivages d'un continent jusqu'à la côte d'une île fort distante emportés par le vent ; des oiseaux ont assez de force pour accomplir d'immenses voyages. Néanmoins l'extension de toutes les espèces a des limites larges ou étroites ; le climat et d'autres conditions physiques ne permettent pas que les êtres se confondent sur le globe entier. Chacun le constate en voyant que ni les animaux ni les plantes apportées de divers pays ne parviennent en général à s'acclimater. Qu'on abandonne les végétaux cultivés dans nos champs et dans nos jardins, au bout de peu de temps, pour le très grand nombre, on en cherchera inutilement la trace.

Quelques espèces seules, s'accommodant aux circonstances ou rencontrant des conditions analogues à celles du pays d'origine, se sont naturalisées. Notre terrible chiendent s'est implanté sur plusieurs des îles de la mer du Sud, le robinier faux-acacia paraît se comporter sur notre sol comme nos arbres indigènes ; une plante de la famille des composées, l'érigeron du Canada, a trouvé une nouvelle patrie sur nos terrains rocailleux ; un crucifère, le lépidie de Virginie, se répand beaucoup en France ; une herbe aquatique de l'Amérique du Nord a envahi les mares et les canaux de notre pays. M. Alphonse de Candolle a montré de quelle manière a eu lieu l'extension de diverses plantes européennes. De nos jours, l'abeille d'Europe travaille en pleine liberté au milieu des forêts des États-Unis ; les chevaux, issus d'ancêtres échappés des mains des conquérants du Nouveau-Monde, parcourent en grandes troupes les pampas de la Plata. Les bêtes qui se nourrissent de matières organiques sèches trouvent la vie facile dans presque toutes les régions du monde ; les rats s'accommodent des reliefs qui abondent dans les endroits habités ; certaines espèces de kakerlacs fort avides de nos denrées se propagent à peu près indifféremment sur toutes les côtes où un navire les a transportés, si la nourriture ne vient pas à manquer. En changeant de climat, ces plantes et ces animaux, qui se sont disséminés sur d'immenses espaces ou qui ne meurent pas sans postérité quand ils sont jetés sur une terre étrangère, ne se transforment en aucune façon ; les uns restent absolument pareils de la zone glacée à la zone torride, les autres ne se modifient que sous le rapport de la taille, de la couleur, de l'épaisseur de la fourrure. L'observation et l'expérience portent sur des milliers de créatures.

Si l'on s'en rapportait à une assertion de M. Darwin, les espèces ayant une très large distribution géographique présenteraient plus de variation que les autres ; mais on s'abuserait en croyant le phénomène général. Aussi bien que de chétifs insectes, de grands mammifères semblent bien peu affectés par l'influence du milieu. Le lion habite l'Afrique entière du nord au sud, l'Asie-Mineure, la Perse, la partie occidentale de l'Inde, et il est toujours le lion. Les naturalistes ayant beaucoup étudié le magnifique animal veulent reconnaître des races, ou, en d'autres termes, des variétés locales que distinguent des particularités constantes. Ces particularités se bornent à la nuance du poil et à l'ampleur de la crinière. En Barbarie, le lion a le pelage d'un fauve brunâtre et la crinière superbe plus ou moins teintée de noir ; au Sénégal, avec la crinière moins belle, il est plus jaune ; au Cap, il a une crinière presque fauve et médiocrement prolongée sur le dos ;

au Darfour, il est d'un fauve doré, au Sennaar d'un ton plus rouge ; en Perse, d'une nuance isabelle assez pâle avec une longue crinière mêlée de noir et de fauve ; aux environs de Guzarat, il a la crinière très courte. Personne ne juge que des hommes et des femmes s'écartent notablement du type de la race parce qu'ils ont une chevelure riche ou pauvre, variant du noir au châtain. Les lions n'offrent rien de plus extraordinaire ; comme ils ne sont pas cantonnés par groupes sur d'étroits espaces, on peut tenir pour vrai qu'il existe d'insensibles passages dans la nuance du poil et le volume de la crinière. D'ailleurs les individus de la même contrée n'ont pas tous la parure également belle. Le tigre royal vit dans les jongles de Java, de Sumatra, de Ceylan, de l'Inde : autrefois on supposait le grand carnassier propre aux régions les plus chaudes de l'Asie ; mais en réalité il est répandu au nord de la Chine, dans la Mongolie, sur les flancs du Caucase, en Sibérie jusqu'au lac Baïkal. Soumis à des températures extrêmes, environné de créatures fort différentes, selon le pays qu'il habite, le tigre varie bien faiblement ; au nord, le poil est plus long et plus touffu, et d'autre part on observe que les bandes noires ne sont pas dessinées, d'après un modèle uniforme. a Le loup et le renard sont pareils depuis la zone torride jusqu'aux régions glacées, » disait Cuvier, il y a un demi-siècle ; l'illustre zoologiste avait donné grande attention aux caractères de ces animaux. Un naturaliste très enclin à considérer et même à exagérer les effets du climat croira rectifier l'assertion en écrivant : « A mesure qu'on s'avance vers le nord, on voit le renard acquérir une fourrure plus longue, plus abondante, plus fine, et en même temps sa taille grandir ;... le loup aussi est plus grand dans le nord et plus velu. » Pareille remarque, motivée par l'intention de faire ressortir l'étendue de la variation, indique assez dans quelles étroites limites se modifie un mammifère par les conditions d'existence.

De nombreux oiseaux sont disséminés sur une grande partie de l'ancien monde. Le balbusard et d'autres rapaces habitent à la fois l'Europe, l'Afrique et l'Asie ; le coucou n'est pas moins cosmopolite, on le rencontre jusque dans l'île de Madagascar ; notre beau loriot se trouve au Sénégal, en Chine et dans l'Inde ; ils n'accusent nulle part urne tendance à se transformer. Au Japon, en Chine, dans l'Asie centrale, des oiseaux du groupe des moineaux ou de la famille des fauvettes ressemblent à tel point à ceux d'Europe qu'on les distingue tout juste par de légères différences dans les teintes du plumage. Sans doute, dans plus d'un cas, les ornithologistes auront noté comme espèces particulières des variétés locales ou des races ; le fait démontré par la connaissance complète de l'aire géographique, on n'en sera que mieux assuré à l'égard des véritables caractères des espèces. Selon l'abondance de la nourriture, les poissons acquièrent des dimensions très variables ; selon la nature des eaux, ils prennent des colorations qui souvent trompent les observateurs. La plus simple des expériences conduira toujours à reconnaître ce que l'observation ne permet pas de décider. Ne suffirait-il pas en effet de faire vivre les uns où vivent les autres pour apprécier exactement l'influence du milieu ?

Les insectes sont vraiment intéressants à considérer lorsqu'il s'agit de notions géographiques, de conditions de la vie, d'influences extérieures. Le nombre de ces créatures est formidable, et avec le nombre s'élargit le champ des comparaisons ; dans ce monde, la diversité des formes, des aptitudes, des instincts, est extrême, et avec la diversité s'accroissent les éléments de toute généralisation. Certains insectes se déplacent peu ; d'autres, pourvus de puissants moyens de locomotion, mettent à profit une précieuse faculté. Plusieurs coléoptères sont communs à la fois aux environs de Paris, de Moscou et de Pékin, les voyages ne les ont pas changés. C'est mieux encore pour les lépidoptères. Le grand porte-queue ou *papilio machaon* que l'enfant poursuit dans nos campagnes habite l'Europe presque entière, le nord de l'Afrique, l'Asie-Mineure, la Sibérie, la Chine, le Népaul, et l'entomologiste le plus exercé ne parviendrait pas à distinguer l'individu pris à Cachemire de celui de France. Notre *flambé* ou *papilio podalirius*, également très cosmopolite, mais qui n'existe pas au centre de l'Asie, paraît être légèrement affecté par le climat ; on reconnaît les individus d'Andalousie et d'Afrique à des particularités de la coloration des ailes. Dans l'Europe centrale et dans l'Amérique du Nord vit la belle vanesse si connue des jeunes amateurs sous le nom de *morio* ; européen ou américain, c'est bien le même insecte. Un très petit lépidoptère dont la chenille mange les graines du baguenaudier n'est pas rare en Europe, et nous le retrouvons tout pareil dans les plus chaudes régions de l'Inde et de l'Afrique. La liste de ces espèces qui vivent dans les milieux les plus dissemblables sans éprouver de changement serait longue. Que faut-il donc pour modifier ces êtres si frêles ? Longtemps M. Darwin négligera de le dire. Certes beaucoup d'insectes varient principalement sous le rapport de la taille et de la couleur ; plusieurs lépidoptères ayant une aire géographique fort large sont un peu plus grands et de teintes un peu plus riches au Japon et sur le continent asiatique qu'en Europe. Un papillon très répandu dans l'Inde et dans l'archipel de la Malaisie a les contours et les dessins des ailes infiniment variables. Aux mêmes lieux voltigent des individus qui frappent par la dissemblance, mais, jeunes, ils étaient pareils. Une observation a suffi pour apprendre qu'on ne devait pas se fier à la couleur. Ainsi des espèces gardent sous tous les climats une étonnante uniformité, d'autres se montrent très légèrement affectées par la différence des milieux, d'autres encore n'ont pas besoin de quitter une patrie pour revêtir des aspects multiples.

Des conditions fâcheuses amènent chez les êtres capables de les supporter la diminution de la taille. De même que parmi les hommes, il y a des nains parmi les animaux et les plantes. Représentants amoindris d'un type, ils en conservent les caractères essentiels. Un simple changement de régime rendrait à ces nains ou à leur descendance les proportions normales. Des mollusques marins condamnés à vivre dans l'eau saumâtre restent chétifs. Des escargots de la plaine se retrouvent sur les Alpes ; la végétation de la montagne les nourrit mal, ils sont tout petits. Ayant moins que les animaux une individualité déterminée, les plantes varient davantage et subissent plus manifestement l'influence des agents extérieurs. L'étude sera plus longue ; elle n'en aura pas moins pour dernier résultat de mettre en évidence les limites précises de la variation des espèces. Toutes les recherches, toutes les observations, toutes les expériences le prouvent : la variabilité des êtres au sein de la nature s'accuse à des degrés fort divers, mais dans ses plus surprenantes manifestations elle demeure contenue dans un cercle infranchissable. Si des plantes et des animaux se sont fort disséminés, ne l'oublions pas, la vie, pour la plupart d'entre eux, n'est possible que sur une zone.

Diverses espèces revêtent plusieurs formes nettement caractérisées ; suivant l'expression aujourd'hui consacrée dans la science, ce sont des cas de dimorphisme, de trimorphisme, de polymorphisme. Il y en a des exemples à la fois parmi les plantes et parmi les animaux. Les défenseurs de l'hypothèse de l'évolution perpétuelle croient trouver dans ce fait une preuve de l'instabilité des êtres, et pourtant lorsqu'on s'arrête à certains cas particuliers, on est saisi d'un sentiment bien opposé. En rappelant que parmi les abeilles il existe des femelles de deux sortes, on est sûr de ne rien apprendre à personne ; il y a les femelles fécondes, — les reines, — et les femelles stériles, — les ouvrières ou les nourrices. Chez les fourmis également, on compte des individus ayant en partage la mission de perpétuer la race et la foule de ceux dont le rôle est de donner des soins aux jeunes et de travailler pour la communauté. Êtres des mieux doués, les abeilles et les fourmis, déployant une industrie qui ne cesse d'émerveiller les hommes, montrent par mille détails de la vie combien chaque espèce est pourvue d'une constitution strictement déterminée. Dans certaines sociétés de fourmis de même que chez les termites, les individus stériles sont de deux sortes ; les uns remplissent les fonctions ordinaires d'ouvriers et de nourrices, les autres, fortement armés, veillent à la sûreté générale et combattent pour la défense de la cité, ce sont les soldats. Une organisation si complexe, et si parfaitement réglée ne saurait se modifier sans être presque aussitôt anéantie. Isolé, chaque membre du corps est condamnée périr.

Le phénomène du polymorphisme se manifeste sous de nombreux aspects, et dans plusieurs circonstances il est difficile de pénétrer le dessein de la nature. Un voyageur anglais, M. Alfred Bussel Wallace, qui a exploré les îles de la Malaisie au grand avantage de la science, cite un curieux cas de dimorphisme chez un lépidoptère; M. Darwin n'oublie pas de le rappeler. Il s'agit d'un superbe papillon fort répandu dans les îles de Java, de Sumatra, d'Amboine et sur le continent asiatique, le *papilio memnon* des entomologistes. Le mâle a des ailes postérieures arrondies et ornées de lignes et de croissants d'un bleu pâle sur un fond noir, il varie peu ; au contraire la femelle se montre avec des parures fort diverses, tantôt elle ressemble au mâle par la coupe des ailes et se distingue simplement par des taches de nuances vives, tantôt avec une coloration particulière, elle a des ailes postérieures qui se prolongent en forme de queue, elle imite alors la physionomie de papillons d'une autre espèce. Toutes les mères donnent naissance à des filles qu'on ne prendrait jamais pour des sœurs si l'observation n'avait éclairé. Qu'on se figure, dit M. R. Wallace, un Anglais rôdant sur une île lointaine, marié avec deux femmes, une Indienne aux cheveux noirs et à la peau cuivrée et une négresse à la tête laineuse et à la peau couleur de suie, et qu'au lieu d'enfants mulâtres il ait des garçons à la peau blanche et aux yeux bleus comme lui-même et des filles offrant tous les caractères de la mère, cela semblerait étrange. Pour nos papillons, ajoute l'explorateur de la Malaisie, le cas est plus extraordinaire ; non-seulement une mère a des fils semblables au père et des filles pareilles à elle-même, mais encore des filles pareilles à l'autre épouse. On le sait, beaucoup d'animaux affectent des aspects qui trompent les êtres dont ils peuvent devenir la proie ; M. Wallace pense que la diversité des formes du papillon memnon doit conduire à cette fin : des oiseaux insectivores ne seraient tentés que par l'une ou l'autre des deux sortes d'individus. La variabilité aurait donc ici pour résultat de mieux assurer l'espèce contre les chances de destruction.

Sans aller jusqu'aux îles de la Sonde ou des Moluques, on peut observer parmi les lépidoptères un cas de polymorphisme assez singulier. Dans nos grands bois, près des ruisseaux courant sous la futaie, une première fois aux jours du printemps, une seconde fois aux jours de l'été, voltigent de charmants petits papillons du genre des vanesses, comme le *vulcain* et le *paon du jour* ; de son nom vulgaire inspiré par les fines rayures des ailes, l'espèce s'appelle la *carte géographique*. Au mois de mai, les petits papillons étalent des ailes fauves ; ceux qui paraissent au mois de juillet ont des ailes noires. Aux yeux des premiers observateurs, il y avait deux espèces, le doute semblait impossible ; en cette occasion, on allait acquérir une preuve de la nécessité de pénétrer dans l'intimité de la vie d'un animal pour le connaître. Les mignonnes vanesses aux ailes fauves déposent leurs œufs ; les chenilles naissent et, demeurant groupées en familles, elles rongent les orties ; elles se transforment en chrysalides, les papillons éclosent, tous ont des ailes noires. Les chenilles de la nouvelle génération n'achèvent leur croissance qu'à l'approche de l'automne ; les chrysalides passent l'hiver, et les papillons qui en sortent ont tous les ailes fauves. Ainsi l'alternance s'effectue avec une admirable régularité, de telle façon que les enfants ne sont jamais semblables à leurs parents. Jusqu'ici la raison du phénomène nous échappe ; mais en vérité on ne saurait admettre que la vanesse carte-géographique ait tiré son origine d'un autre insecte, parce que tour à tour elle a des ailes fauves ou noires. Lorsque par hasard la chaleur est forte et soutenue pendant les mois de septembre et d'octobre, quelques papillons éclosent avant le terme ordinaire. Ceux-ci offrent le mélange des deux couleurs ; n'apparaissant que d'une façon très accidentelle, ils meurent sans postérité, la rigueur de la saison ne laisse pas aux larves le moyen de subsister.

Cette année même, l'Académie des Sciences accorde un de ses prix à l'auteur d'une intéressante découverte : une sorte de dimorphisme bien étrange dont on ne citait pas encore d'exemples. De petites bêtes du genre de la mite du fromage : des *acares*, qu'on nomme des *tyroglyphes*, et d'autres *acares*, qu'on appelle des *hypopes*, ne frappent l'observateur attentif que par des dissemblances. Les naturalistes avaient beaucoup étudié les caractères de ces êtres, et nul n'aurait soupçonné une relation entre les tyroglyphes et les hypopes ; on vient de nous apprendre que les deux formes appartiennent à chaque espèce d'un groupe zoologique tout entier.

Sur des champignons vivent certaines espèces de tyroglyphes ; les individus se comptent par milliers du plutôt ne se comptent pas tant ils sont nombreux. Il y en a de tous les âges, les générations se succèdent avec une étonnante rapidité ; au milieu de la microscopique population, on ne voit toujours que des tyroglypes. Le moment arrive où le champignon qui fournissait la pâture aux petits êtres est épuisé. Les pauvres acares, mal protégés par des téguments assez mous, très imparfaitement doués pour la locomotion, ne peuvent se porter à distance, jeunes et vieux périssent ; mais dans le nombre survivent des individus assez avancés dans leur développement, sans être encore adultes. Ceux-ci ne tardent pas à muer ; alors ce ne sont plus des tyroglyphes. Acares solidement cuirassés, n'ayant qu'un appareil buccal rudimentaire, parce qu'ils ne doivent jamais manger, privés d'organes reproducteurs, parce qu'ils doivent demeurer stériles, munis à la face inférieure du corps de petites ventouses, parce qu'ils ont besoin de rester fixés sans efforts pénibles, ce sont des hypopes. Ces acares s'accrochent au premier animal, mammifère ou insecte, passant à leur portée, et de la sorte ils voyagent aussi longtemps que la saison le commande ou que la rencontre d'une station favorable se fait attendre. Arrive la rencontre, les hypopes abandonnent l'animal qui les portait. Les voilà sur un champignon ; ils se cramponnent avec les griffes, leur peau se fend, et de chaque dépouille sort un tyroglyphe ; la propagation de l'espèce va recommencer. Ainsi des êtres ne se métamorphosant que dans des circonstances déterminées revêtent une forme et acquièrent des aptitudes particulières pour une existence transitoire ; ils vivent pendant un temps sans possibilité de croître et de se reproduire, — le changement ne s'opère qu'en vue de la conservation de l'espèce. En réalité, loin de paraître un indice d'instabilité, le polymorphisme semble un signe de perfection.

III

Les personnes qui s'occupent des qualités de nos animaux domestiques ne comparent guère les races de chevaux et de bœufs, les races de pigeons et de poules, sans jeter un cri de triomphe. On exalte volontiers la puissance de l'homme, qui aurait à son gré produit des aptitudes et varié les types parmi les auxiliaires de la civilisation. Des résultats dus à des soins particuliers sont en effet assez remarquables pour justifier le sentiment d'orgueil, mais on s'abuse parfois sur la nature des changements que les espèces réduites en esclavage ont éprouvés. Chez les mammifères et les oiseaux que l'homme a soumis, les différences individuelles paraissent énormes, les variétés se distinguent par des signes plus frappants que les caractères de beaucoup d'espèces sauvages, et de l'impression ressentie naît l'idée de modifications profondes. En réalité, les modifications sont moins considérables qu'on ne suppose ; de la plupart des animaux domestiques, seuls les traits superficiels sont affectés, et si l'organisme est fortement atteint, on découvre des anomalies comparables à celles que la culture détermine sur les végétaux. Les aspects deviennent alors multiples, et pour se fier trop aisément à l'apparence, on s'écarte de la juste appréciation des faits. Isidore Geoffroy Saint-Hilaire et d'autres naturalistes ont cru que les variations dont les animaux domestiques offrent de curieux exemples pouvaient éclairer à l'égard des effets qui dépendent des causes naturelles ; certes elles doivent éclairer, mais c'est à la condition de n'en point méconnaître le caractère. Souvent on a répété que les particularités des races domestiques les désigneraient comme des espèces distinctes, si l'on n'avait assisté à leur formation ; rien de plus inexact. Les animaux de nos domaines portent l'empreinte de la domesticité, de même que les plantes de nos jardins portent les marques évidentes de la culture ; les naturalistes ne s'y trompent pas. M. Darwin aimerait qu'on s'y trompât afin de s'attribuer le mérite de nous préserver de l'erreur ; cherchant le moyen, il s'est donné une grande peine dont nous allons profiter pour faire ressortir une vérité.

En plusieurs endroits de l'Europe, et surtout en Angleterre, des sociétés d'amateurs de pigeons se sont constituées. Il s'agit de garder et de propager les nobles races, d'obtenir des sujets toujours plus remarquables par la taille et par la singularité ou l'éclat du plumage, de produire des variétés nouvelles. L'amateur n'a pas d'autre ambition ; au contraire, M. Darwin, se faisant admettre dans les cercles où l'on discute sur le mérite des volières, se flattait d'atteindre un important résultat scientifique. Dans son attachement à l'idée des transformations indéfinies, le célèbre auteur n'a pu contempler l'étonnante diversité des pigeons domestiques sans croire qu'il tenait l'occasion de montrer de quelle manière, avec du temps et de la patience, se façonnent les espèces. Il s'est mis à l'œuvre et il a produit un ensemble d'observations d'un intérêt très réel. Le travail a reçu beaucoup d'éloges, et c'est à juste titre. On avait désigné par des noms et l'on avait décrit les nombreuses variétés de pigeons de volière et de colombier. M. Darwin s'est efforcé de suivre les transitions, il a croisé les races, et ne se bornant pas, comme la plupart de ses devanciers, à l'examen des particularités extérieures, il a scrupuleusement comparé la charpente osseuse de ces oiseaux que les soins de l'homme ont tant diversifiés. Enfin, contre son gré, et certainement contre son avis, il a mieux que tout autre accumulé des preuves qu'une espèce ne saurait être transformée, qu'on n'arrive qu'à la déguiser. La belle étude du naturaliste anglais se trouve exactement appréciée un siècle avant d'être mise au jour. « Si quelqu'un, a dit Buffon, voulait faire l'histoire complète et la description détaillée des pigeons de volière, ce serait moins l'histoire de la nature que celle de l'art de l'homme. » Cette histoire étant faite, nous devons en recueillir les enseignements.

Le biset ou pigeon de roche, *columba livia* de son nom scientifique, est la souche de toutes nos races de pigeons domestiques, ont écrit les zoologistes. A cet égard, M. Darwin n'avait pas d'autre pensée, mais il a eu besoin de plusieurs années d'études pour affermir sa conviction. Il déclare très nombreuses les variétés qui reproduisent fidèlement le type ; on en avait compté 122, il en ajoute de nouvelles. A classer tant d'oiseaux qui se touchent par des gradations insensibles, on risque fort de s'embrouiller ; l'auteur envisage la situation avec calme, et se tire de la difficulté par la reconnaissance dans le monde des volières et des colombiers de onze races, qu'il répartit dans quatre groupes. Viennent ensuite les sous-races et les variétés qui ne sont pas dignes de la même considération. En vérité, c'est un gentil monde que celui de ces pigeons élevés pour le charme des yeux. Nous ferons honneur aux représentants des onze races de M. Darwin, l'intérêt de notre plaisir nous y convie et l'intérêt de notre instruction l'exige. Voici les *grosses-gorges* au corps mince, fièrement campés sur les pattes ; ils ont une gorge volumineuse, et ils semblent trouver bonheur à l'enfler comme un ballon. Chez ces oiseaux singuliers, sans changer de caractère, le jabot est devenu plus large que dans les autres pigeons. Les *messagers*, aux pattes massives, au plumage ordinairement de couleur foncée, dressent un cou long et mince, ils ont un grand bec ; autour des yeux et des narines, une peau caronculée a pris un développement énorme, — l'indice d'une anomalie survenue par suite de l'état de domesticité est évident. Les *runts*, également qualifiés de pigeons bagadais et de pigeons romains, échappent, paraît-il, à toute description précise, tant il est impossible d'obtenir une couvée dont les individus se ressemblent ; parfois les *runts* diffèrent à peine des messagers. Les *barbes* ou pigeons polonais sont encore du même groupe ; un bec court et large les distingue. Arrêtons-nous afin d'admirer les pigeons paons ; on en voit de tout blancs, d'autres de nuances variées, chatoyantes à ravir. Ils marchent péniblement, la poitrine en avant, le cou rejeté en arrière et comme agité de mouvements convulsifs, La queue énorme, étalée à la manière d'une roue redressée jusqu'à toucher la nuque. Ils sont vraiment beaux, mais de la beauté des roses et des œillets de nos jardins. De même que les pétales sont devenus nombreux au point de rendre la fleur stérile, les grandes plumes de la queue se sont multipliées au point de rendre l'oiseau fort inhabile à voler. Chez les pigeons et les colombes sauvages de toute espèce, la queue porte douze de ces grandes plumes qu'on appelle les rectrices ; le pigeon paon en a bien davantage, la quantité est un titre de gloire dans l'opinion du maître de la volière ; un individu a 18 ou 20 rectrices, il est peu prisé, un autre en étale de 30 à 35, il est tenu dans une haute estime, un autre enfin en montre 42, le chiffre qui n'a jamais été dépassé, on le cite parmi les merveilles. Pauvre oiseau qui ne saurait vivre libre, le pigeon paon est comme la rose, un monstre charmant. En continuant la revue des volières, nous apercevons les *turbits*, pigeons à cravate ou pigeons hiboux. Mignons et jolis, une sorte de fraise placée sur le cou et la poitrine les signale à l'attention ; cette parure est faite de plumes divergentes. Voici les *culbutans* à la face courte, au bec tout petit et conique, les malheureux sont si mal conformés qu'ils perdent l'équilibre en volant ; on les voit à chaque minute tourner sur eux-mêmes et parfois faire de telles culbutes qu'ils tombent à terre et se blessent. Maintenant c'est le *frill-back* indien, le pigeon à dos frisé ; celui-ci a toutes les plumes renversées et contournées, — un autre genre de monstruosité. Viennent ensuite les *jacobins*, dont les plumes du cou relevées forment un capuchon ; puis les *tambours* aux pattes emplumées, portant à la base du bec une touffe de plumes bouclées, de loin, ils se font reconnaître par un roucoulement singulier. Enfin on nous livre, comme représentants de la onzième race, tous les pigeons qui diffèrent à peine du biset sauvage, c'est-à-dire les pigeons de colombier jouissant d'une sorte de liberté.

Les descriptions achevées, M. Darwin se montre tout fier ; il semble qu'une victoire est remportée. « Les pigeons que j'ai examinés, dit-il, ne constituent pas moins de onze races ; s'il s'était agi d'animaux sauvages, on aurait attribué une valeur spécifique aux caractères que nous avons signalés. » Avec une bonne foi pleine d'ingénuité, il ajoutera encore : « Les genres admis par les ornithologistes dans la famille des colombides diffèrent peu les uns des autres ; il n'est pas douteux que plusieurs de nos formes domestiques trouvées à l'état sauvage n'eussent donné lieu à l'établissement d'au moins cinq genres. » Une telle croyance doit tourner à la confusion de l'auteur. Les pauvres oiseaux tenus captifs, privés de l'usage des membres, volent mal et marchent avec peine ; plusieurs d'entre eux, soumis à une alimentation qui n'a point permis au bec de prendre par l'exercice le développement normal, seraient embarrassés pour saisir des graines dures. Il est aussi étrange d'imaginer un ornithologiste capable de méconnaître les signes de la domesticité chez les pigeons paons, les pigeons à cravate ou les *culbutans*, que de supposer un botaniste inhabile à discerner les effets de la culture sur les roses, les œillets ou les dahlias. Les races de pigeons ne se maintiennent que par le choix persistant des sujets ou les anomalies sont le plus fortement accusées, car, par suite des efforts de l'oiseau pour revenir à l'existence particulière à son espèce, les anomalies tendent toujours à disparaître. « Un jour, voyant de beaux pigeons, rapporte un compatriote de M. Darwin, je m'informai près de l'heureux propriétaire s'il ne laissait pas voler au dehors ses *culbutans à courte face*. — Si je lui avais demandé la bourse ou la vie, continue le narrateur, il n'aurait pas été plus étonné, — Les laisser s'envoler ! s'écria l'amateur, vous savez certainement ce qui arriverait ? — Devant l'expression d'une ignorance absolue, il reprit avec un sourire qui trahissait la conscience de sa supériorité : — La porte ouverte, ils retourneront tout de suite à l'état de nature ; au bout de quelques semaines, les jolis petits becs seront aussi longs et aussi durs que ceux des oiseaux ordinaires. » Mille fois répétée à l'égard des animaux domestiques, l'expérience est concluante. On ne parvient du reste à saisir les traits caractéristiques des races de pigeons que par l'élimination d'une foule d'individus ; l'auteur du livre sur *l'Origine des espèces* le prouve en signalant des passages insensibles entre les formes qu'il a décrites. Ailleurs il démontrera encore, à son insu, que la race domestique ne saurait subsister sans les soins de l'homme ; il n'ignore pas que les *culbutans*, petit bec périssent dans l'œuf faute de pouvoir briser la coquille ; l'amateur doit épier le moment de l'éclosion afin de délivrer les nouveau-nés. Abandonnant toujours la réalité pour le rêve, le philosophe anglais voit en imagination de jeunes poussins triomphant de la difficulté, et avec lenteur le petit bec devenir apte à remplir son office.

Nous l'avons dit, dans l'étude comparative des pigeons de volière, M. Darwin a été plus loin que ses devanciers, il s'est occupé de la charpente osseuse ; un curieux travail a été produit, une singulière faiblesse de connaissance en ostéologie a été dénoncée. On nous montre des crânes et des becs déformés, des membres atrophiés, des vertèbres et des côtes hypertrophiées, et sérieusement on nous affirme n'avoir pas aperçu de différences aussi manifestes entre les squelettes de plusieurs espèces de pigeons sauvages qu'entre ceux des races domestiques. Comme à la fois les pattes restent petites et le bec faible chez les pauvres oiseaux condamnés à l'immobilité et à la privation des bonnes graines dont ils sont friands, on paraît s'enorgueillir de la découverte d'un remarquable phénomène : la corrélation de croissance. Jamais la science n'avait été aussi cruellement malmenée. En aucun cas des altérations de l'organisme, rendues plus ou moins héréditaires, les atrophies des membres ou d'autres parties du corps provenant du défaut d'exercice, ne sont comparables aux particularités qui distinguent les unes des autres les espèces, du même genre ou de la même famille. Les os polis, ayant presque l'aspect de l'ivoire chez les bêtes sauvages, demeurent poreux et de laide apparence chez les animaux nés et nourris dans la captivité. Maintes fois le développement est arrêté avant le terme ordinaire ; les déformations et même les maladies des os sont fréquentes, surtout parmi les pigeons tant choyés des amateurs. Les effets de la vie sédentaire, déplorables pour la constitution de la charpente osseuse chez les jeunes sujets, se font apercevoir très vite même sur les animaux adultes. Il est parfaitement su dans les musées qu'on n'obtient jamais de beaux squelettes avec les hôtes anciens des ménageries. M. Darwin, qui cite très fréquemment des personnes dont il a tiré des avis ou des renseignements, a oublié de s'entretenir avec un préparateur d'anatomie.

Après avoir montré d'une façon habile à quel point un animal peut être déformé sous la main de l'homme et avoir fourni des preuves sans nombre que l'espèce soumise à la domesticité depuis plus de trois mille ans revient toujours à sa nature primitive, et ne semble perdre son caractère originel qu'en offrant tous les signes de la monstruosité, M. Darwin essaie encore de livrer un combat bien inutile. Il tient formellement à établir un fait reconnu de tous les zoologistes, — une prétention qui a sa formule dans le langage vulgaire. « Les éleveurs de pigeons de fantaisie, dit-il, croient que les races domestiques proviennent de plusieurs souches sauvages, tandis que la plupart des naturalistes les regardent comme la descendance du *biset* ou *columba livia.* » L'opinion des amateurs de pigeons a juste la même portée que celle des amateurs de roses ; quant aux naturalistes, ceux-ci n'ont pas attendu l'auteur de l'ouvrage sur l'origine des espèces pour savoir la vérité. Les purs classificateurs, nullement préoccupés des particularités de l'organisation des êtres, mais doués du tact que donne la longue habitude de considérer les formes extérieures, ne se sont jamais abusés. Temminck, Charles Bonaparte, d'autres encore, ces ornithologistes qui ont tracé les descriptions des espèces de pigeons du monde entier affirment sans hésiter que la *columba livia*, le pigeon des rochers, sauvage en Europe, au nord de l'Afrique et en Asie jusqu'à l'Inde, est l'ancêtre de toutes les races domestiques. M. Darwin s'en étonne et laisse deviner une impression de mauvaise humeur. Pourquoi l'avoir privé d'un triomphe lorsqu'il aurait si volontiers excusé l'erreur ? Dans ses efforts pour instruire de ce que tout le monde sait, le naturaliste anglais insiste sur la fécondité des pigeons issus des types les plus différents ; il a multiplié les épreuves avec un plein succès. Le détail doit être noté, car ailleurs, pour le besoin de la cause, M. Darwin ne croira pas absolument nécessaire de compter avec la stérilité des produits de deux espèces distinctes.

Au sujet de certaines idées relatives à la mutabilité des êtres, il fallait accorder aux pigeons de volière une sérieuse attention. Mieux que tous les autres animaux domestiques, ces oiseaux d'une douceur proverbiale se prêtent à l'esclavage. Parce qu'ils peuvent vivre confinés et ne pas se montrer trop exigeans sur le choix de la nourriture, ils éprouvent des variations dans la plus large mesure dont on ait l'exemple. Ainsi au milieu de ce petit monde se révèle dans sa plus complète manifestation l'effet de l'action de l'homme sur une espèce animale. Nous connaissons à présent cet effet ; nous l'observerons encore sur les autres races domestiques, où il est en général moins prononcé.

L'espèce galline se présente sous une forme ordinaire très répandue, et elle a des variétés jolies ou singulières très prisées des amateurs. La souche primitive est bien connue des naturalistes ; c'est un oiseau alerte, de proportions gracieuses, au plumage lisse et brillant, qui vit à l'état sauvage au milieu des forêts de l'Inde : le *gallus bankiva.* Les coqs et les poules dont on n'entrave guère la liberté dans les campagnes diffèrent à peine du type originel. Parfois, aux abords d'une ferme, le zoologiste admire un coq ; c'est que l'animal à la démarche fière et pleine d'élégance paraît n'avoir nullement souffert de la captivité ; beau comme ses frères libres, il en conserve les vives nuances ; — ni le climat, ni le genre d'alimentation, n'ont exercé d'influence appréciable. Le coq de combat paré d'une crête simple et droite représente encore très noblement l'oiseau de la jongle indienne. Dans la basse-cour champêtre, la dégénérescence de l'espèce galline est très médiocre ; elle affecte d'abord la couleur, le noir et le blanc remplacent les belles teintes vertes et rouges, surviennent ensuite de légères variations dans la taille, à peine se modifie la conformation générale. Les coqs et les poules se donnent beaucoup de mouvement, mais ils ne volent presque jamais ; les os des ailes et la carène pectorale se trouvent un peu affaiblis par suite du défaut d'exercice, tandis que les pattes, constamment soumises à la fatigue, sont plus ou moins alourdies. L'état de domesticité, tempéré par une sorte d'indépendance, n'a donc que faiblement touché la race galline. La malheureuse sélection et l'esclavage ont donné des monstres plus ou moins réussis.

Regardons ces coqs et ces poules de la race dite cochinchinoise ; bêtes disgracieuses, recherchées parce qu'elles sont de forte taille ; elles ne peuvent plus du tout voler, les pattes sont affreusement massives et les ailes raccourcies, les pennes dénotent les signes d'une atrophie. D'autres se recommandent par une larde monstruosité : la présence d'un doigt supplémentaire ; c'est la race *dorking*. Voici maintenant la race espagnole : des poules qui ont perdu l'instinct de couver ; puis les poules huppées : sur la tête, les plumes ont pris un développement énorme, elles aveuglent l'animal. Chez ces pauvres oiseaux, la voûte du crâne, incomplètement ossifiée, affecte de bizarres contours, le cerveau fait hernie. En même temps qu'une portion de l'organisme se trouve atteinte, les instincts ordinaires de l'espèce, assurent les éducateurs, disparaissent. Comme s'il existait une loi de la nature pour éteindre d'affreuses difformités, les poules portant la huppe refusent de couver. Ce n'est pas tout encore, nous avons les poules naines, très agréables d'aspect : la race *bantam*, que l'on attribue au goût et aux soins des Japonais, les poules frisées et les poules soyeuses, remarquables par une vilaine dégénérescence du plumage, puis les poules dont le croupion est avorté. Que tout cela ressemble donc peu aux particularités qui caractérisent les espèces !

Les races gallines que signalent les traits les plus frappans ou les anomalies les plus singulières : les races pures, selon le langage des amateurs, reviennent avec une étonnante facilité au type du *gallus bankiva* sauvage. Le fait a été souvent signalé ; avec raison, M. Darwin le cite comme une preuve de l'origine de nos oiseaux de basse-cour, et il ne semble pas s'apercevoir qu'une telle preuve est la condamnation de la croyance à la mutabilité des espèces. S'il fallait en ce moment une autre démonstration, elle nous serait aussitôt apportée par le célèbre naturaliste. On connaît à l'état sauvage, rappelle-t-il, plusieurs espèces de coqs ; mêlées à nos poules domestiques, elles donnent des produits, mais ces derniers demeurent stériles, affirment les expérimentateurs. Seul le coq bankiva, dans les mêmes circonstances, peut être l'ancêtre d'une interminable suite de générations.

Après les pigeons et les poules, les autres oiseaux domestiques fournissent l'occasion de constater la persistance des caractères primitifs ; moins martyrisés, ils offrent moins d'anomalies. Les canards, issus de l'espèce sauvage commune en Europe (*anas boschas*), ont peu changé, et parfois les volatiles mal apprivoisés, renonçant à la vie sédentaire sur une mare fangeuse, profitent du passage d'une troupe de l'espèce pour adopter la vie vagabonde. Captifs, les canards ont un peu gagné sous le rapport de la taille et perdu sensiblement de la beauté du plumage. Les variétés méritent à peine une mention ; ici c'est une difformité du bec, là des détails de coloration. L'oie, dont on porte loin les siècles de domesticité, est demeurée, au milieu de tous les champs de l'Europe, presque identique à son ancêtre sauvage. La pintade et le paon, qu'on élève dans les parcs, dans les jardins, dans les cours depuis l'époque des Grecs et des Romains, n'ont pas varié d'une manière appréciable malgré l'influence des climats. Chez la pintade, la teinte générale est un peu plus ou un peu moins intense ; chez le paon, les altérations des riches nuances, la tendance à l'albinisme, ne s'accusent que d'une façon accidentelle. Vraiment, après de telles expériences, il faut une foi aveugle pour se figurer que les animaux se transforment par l'action de l'homme, du régime ou des conditions atmosphériques ; Isidore Geoffroy Saint-Hilaire, qui s'exagérait beaucoup l'importance des modifications subies par les races soumises à l'esclavage, prouve clairement néanmoins « qu'il n'est aucun de nos dix-sept oiseaux domestiques dont l'origine zoologique ne puisse être exactement déterminée. »

Dans l'état de domesticité, les mammifères éprouvent des modifications comparables à celles des oiseaux, — fort médiocres lorsque les animaux ne sont pas privés d'exercice, très notables au contraire lorsqu'ils subissent une captivité rigoureuse. Emprisonné dans une misérable cage dès la naissance, le lapin offrira donc selon toute probabilité les plus grandes anomalies. Si l'on en avait douté, l'étude intéressante de M. Darwin ne laisserait plus d'incertitude. Pourtant ce naturaliste évite de parler des affections des os, si fréquentes parmi les habitants des clapiers. A l'état sauvage, le lapin abonde dans notre pays ; rien de plus simple à contrôler que les effets de la servitude et de la sélection. La couleur change ; apparaissent le noir et le blanc, premiers signes de la dégénérescence. Chez l'animal n'ayant pas la liberté des mouvements et toujours repu, le corps augmente de volume. Par la sélection, on obtient des races, mais, pour les conserver, des épurations continuelles sont indispensables ; la tendance vers un retour au type primitif manque rarement de s'accuser au milieu d'une famille. Comme exemple de coloration remarquable transmise par voie d'hérédité, on cite la race himalayenne : de jolies petites bêtes blanches avec le museau, les oreilles, les pattes et la partie supérieure de la queue d'un brun noir. Comme exemple de race bizarre, on montre des lapins à oreilles pendantes qui dénotent à un haut degré les signes d'une monstruosité ; — des muscles affaiblis cessent d'agir. Un zoologiste ne se méprendra jamais sur le caractère d'une telle anomalie. Le lapin domestique fournit une preuve de l'impossibilité de dénaturer une espèce ; l'indépendance ne le met en aucun embarras, très vite il reprend les habitudes et la physionomie des individus sauvages. Abandonnés sur des terres lointaines, des lapins se sont multipliés : sur les îles Malouines, à Porto-Santo, l'une des Canaries, et en d'autres lieux ; on croit pouvoir les distinguer des nôtres tout juste par une nuance dans la teinte du poil. A Porto-Santo, les lapins ont pris sur le dos et la queue une couleur rousse : les oreilles manquent de la bordure foncée, ordinaire parmi les lapins d'Europe. Plusieurs de ces animaux, dit M. Darwin, furent apportés au Jardin zoologique de Londres ; quelques années après, la fourrure ne différait plus de celle des individus des garennes d'Angleterre. L'expérience n'est-elle pas instructive ? Elle donne la mesure de l'effet des climats, une légère variation de couleur ; elle montre que des milliers d'années ne sont pas nécessaires pour apercevoir l'action des agents physiques.

Notre dessein n'est point d'examiner toutes les races de mammifères domestiques ; à des degrés divers, elles reproduisent les phénomènes dont nous venons de signaler de nombreux exemples. Sur l'espèce chevaline, l'art de l'homme s'est exercé de temps immémorial de la façon la plus heureuse et la plus brillante. Répandu dans l'univers presque entier, l'animal a pris suivant les lieux, l'alimentation et les soins, des formes tantôt sveltes, tantôt massives, il a gagné des défauts ou acquis des qualités. De proportions particulièrement belles et gracieuses en Arabie, le pays d'origine d'après l'antique croyance, le cheval est devenu énorme sur les riches pâturages de certaines contrées de l'Europe, de taille exiguë dans des régions très humides, comme les îles Shetland, l'archipel de la Malaisie, les parties méridionales de l'Inde.

Par le choix incessant des reproducteurs, on a obtenu l'amélioration des races, néanmoins il ne faut pas perdre de vue que fatalement les types s'altèrent bientôt en changeant de territoire. Il n'a sans doute pas été possible de conserver des chevaux de haute stature à Java ou à Timor. Qu'on mette le cheval du Perche dans une autre province, disait dernièrement un membre de la Société centrale d'agriculture, et il ne sera plus le cheval percheron. C'est qu'il s'agit simplement de variations de volume ou de dégénérescences qui se produisent sous l'influence de l'alimentation et du climat. Si l'on vient à comparer quelques chevaux des races les plus distinctes, au premier abord on sera surpris des différences ; en rapprochant de nombreux individus de tout pays on s'étonnera peut-être de l'impossibilité d'une démarcation quelconque. Malgré les efforts de l'homme, malgré les conditions d'existence infiniment variées, les races de chevaux n'affectent nullement les signes d'espèces particulières. Chacun en juge aisément : le cheval et l'âne sont deux espèces très voisines du même genre ; jamais des chevaux n'ont offert de dissemblances comparables à celles qui existent entre les deux espèces.

Les bœufs qui travaillent et les bœufs qui ne travaillent pas n'ont ni la tête, ni les membres également développés. De même qu'en voyant un forgeron et un danseur, personne n'impute à l'origine chez le premier la force du bras et chez le second la vigueur des jambes, le zoologiste ne saurait se méprendre sur la nature des modifications qu'il observe entre le magnifique taureau de la Campanie et la bête de Durham, outrageusement déformée pour la plus grande gloire de l'industrie agricole. Plus on étudie les animaux domestiques, plus on apprend que les espèces s'écartent peu du type primitif.

Un accroissement ou une diminution de volume, soit de la masse entière du corps, soit de quelques parties, des dégénérescences, des anomalies de l'organisme, font les variations si apparentes qui ont parfois une importance considérable au point de vue économique. Dans l'état actuel de la science, il est vrai, l'embarras est extrême au sujet de l'animal que l'homme s'est le plus attaché. Relativement au caractère des différences que présentent les chiens règne la plus grande incertitude. Tour à tour, le fidèle compagnon de l'homme a été regardé comme un loup apprivoisé et cité comme ayant le chacal pour ancêtre ; maintenant l'opinion la plus générale veut que les chiens descendent de plusieurs espèces sauvages distinctes. Cette dernière présomption s'appuie sur des faits d'une valeur très réelle ; mais ni les bêtes sauvages ni les bêtes domestiques n'ont été soumises à des observations suffisamment approfondies pour que la lumière soit faite. Une recherche longue et difficile appelle les investigateurs.

IV

Dans l'opinion de l'auteur du livre sur *l'Origine des espèces*, la lutte pour l'existence doit amener chez les êtres des modifications considérables. Le mot réveille le sentiment d'une pénible réalité ; il a fait fortune. La lutte pour l'existence, c'est la loi du monde. Hommes sauvages ou civilisés connaissent le besoin d'aller à la peine ; animaux courageux ou timides sentent la nécessité de défendre leur vie. On ne l'ignorait pas avant M. Darwin, on parlait de l'instinct de conservation, mais le naturaliste anglais dénonce un résultat fort inattendu qui réclame examen.

Les périls dont chaque créature est menacée se renouvellent sans cesse, la lutte est donc perpétuelle. Contre les attaques des bêtes carnassières, ayant en partage la force et les armes puissantes, les êtres faibles opposent l'adresse, la ruse, la vigilance. L'inoffensif papillon que poursuit la libellule du rivage ou l'oiseau de la forêt trompe quelquefois le chasseur en changeant d'allure. A la vue du faucon, la colombe tremblante essaie d'un stratagème pour se dérober. Aussi bien que l'antilope ou la gazelle cherchant son salut par la rapidité de la fuite, l'homme est exposé à devenir la proie des plus redoutables animaux. Si de nos jours l'Européen s'inquiète rarement du voisinage des ours et des loups, l'Africain vit dans la crainte du lion, et l'Asiatique dans la terreur du tigre ; ce sont toujours des combats à livrer. Les ardeurs d'un soleil trop brûlant, les froids excessifs, des pluies torrentielles, des inondations, causent la perte de milliers d'êtres, mais contre le fléau réagissent les forces mises au service de la créature ; tous les individus d'une espèce ne périssent pas. La disette et la famine font des victimes sans nombre ; la subsistance n'est souvent obtenue par l'homme ou l'animal qu'au prix d'efforts énergiques, de ruses inouïes, de batailles terribles ; cependant il y a toujours des heureux. Fort inégale selon les êtres de diverses sortes, la lutte pour l'existence n'apparaît point nécessaire au même degré pour tous les individus de même origine. Par certain concours de circonstances, les uns ont la vie facile, la souffrance est ignorée. Les autres ne rencontrent que difficultés, ne connaissent que la misère ; malades par suite des intempéries et des privations, à peine parviennent-ils à se procurer quelques aliments. Une activité dévorante, un courage indomptable excités par l'instinct de conservation peuvent devenir insuffisants ; les forces s'épuisent, la mort frappe, des centaines, des milliers, des centaines de milliers de créatures succombent. Telle est, dans tous les temps, l'histoire sur la terre.

Un jour, en un coin du monde, deux bêtes carnassières que la loi de nature a rapprochées se trouvent dans une abondance extraordinaire ; les herbivores à peu près sans défense sont nombreux. Nos amateurs de chair fraîche vivent grassement ; les jeunes prospèrent à merveille, ils grandissent et bientôt ils multiplient, comme si leur race était privilégiée entre toutes. Tant de bonheur n'est pas durable. Peu à peu le gibier devient plus rare, la bête féroce a des semaines de jeûne ; elle laissera ses petits mourir de faim, faute d'une proie capable de les rassasier. Alors les pauvres êtres naguère pourchassés, qui sont parvenus à se soustraire à la voracité de dangereux voisins, retrouvent la tranquillité, et après peu d'années ils se montrent de nouveau en grandes troupes. Des herbivores jouissent-ils de l'abondance, leur population s'accroît avec rapidité, tous les membres de chaque famille ont la vigueur et la santé des créatures qui ne connaissent ni la souffrance ni les privations. Il n'est point donné par la nature à une espèce de prendre trop de place dans le monde. Propagés d'une manière excessive, les herbivores favorisent le développement de la gent carnassière ; la nourriture manque, le soleil a grillé l'herbe et le feuillage, l'inondation couvre la terre, on ne saurait compter les victimes. Seuls, quelques individus, servis par l'adresse, par une robuste constitution ou mieux encore par le hasard, échappent au désastre ; mais ils languissent peut-être, ils auront une progéniture faible. Parmi les représentants de tous les groupes du règne animal, on remarque des individus d'une beauté exceptionnelle annonçant une existence passée sans trouble et des individus chétifs portant le signe de la misère qu'ils ont éprouvée. La vigueur ou l'appauvrissement physique va-t-il se perpétuer comme l'imagine M. Darwin ? L'observation apporte la preuve du contraire. Si les circonstances favorables dont certains animaux ont profité ne se renouvellent pas, les produits dégénèrent ; si les conditions malheureuses qui ont été nuisibles à d'autres viennent à s'améliorer, les jeunes sujets réparent bien vite le tort occasionné par la pénurie des anciens jours, et chez la descendance il ne subsiste nulle trace d'affaiblissement physique.

Sur les mammifères et les oiseaux, l'effet du bon ou du mauvais régime frappe les yeux de tout le monde ; il est autrement prononcé sur les animaux à sang froid, capables de supporter l'abstinence pendant de longs mois. Parmi les reptiles, les poissons, les insectes, on observe des différences énormes dans la taille des individus de la même espèce, et pourtant aucun caractère essentiel de l'espèce n'est affecté soit chez les plus beaux, soit chez les plus chétifs. Une expérience instructive a été souvent renouvelée sur des insectes. Les amateurs de lépidoptères aiment à rencontrer des variétés ; beaucoup d'entre eux ont fait des efforts inouïs pour en produire. Des chenilles étant maintenues dans une atmosphère chaude, avec un degré d'humidité convenable, et toujours séduites par une nourriture appétissante, acquièrent un développement magnifique ; elles donnent des papillons d'une taille un peu supérieure à celle des individus ordinaires. D'autres chenilles de la même espèce, soumises au jeûne autant qu'elles peuvent le subir, s'arrêtent tôt dans leur croissance, les papillons sont tout petits, mais les caractères spécifiques ne sont pas altérés.

Rien de plus curieux comme exemple de concurrence pour la vie que les relations de certaines espèces. Tous les insectes sont exposés aux attaques de nombreux parasites. Ces parasites sont principalement des ichneumons et des chalcides, hyménoptères, nous l'avons dit ailleurs, formant l'armée qui dans la nature a pour fonction d'empêcher la multiplication excessive des espèces phytophages. A l'aide d'une tarière, l'ichneumon pique soit une chenille, soit un autre insecte, et sous la peau de l'animal vivant, introduit un ou plusieurs œufs : les larves bientôt éclosent, se nourrissent de la substance de la victime et finissent par l'anéantir. Les progrès de la culture ont singulièrement favorisé la propagation de certains insectes.

L'abondance extraordinaire d'une sorte de plante sur une même partie de territoire explique l'apparition de ces myriades de petites bêtes qui dévorent la vigne, les céréales, les colzas, les betteraves. Souvent le fléau atteint des proportions effrayantes ; les ravages deviennent prodigieux ; on croirait que toute la végétation des champs va disparaître. Pendant une, deux, trois années le mal augmente ; tout à coup il semble diminuer, il diminue réellement, l'insecte nuisible, naguère si répandu, est rare maintenant, l'œuvre des hyménoptères parasites est accomplie. Dans les conditions qu'offre la nature sauvage, l'ichneumon déposant un seul œuf dans le corps d'une chenille ne parviendra sans doute pas à rencontrer cinquante ou soixante chenilles pour assurer le dépôt de tous ses œufs, il périt alors, laissant une postérité bien restreinte ; au contraire dans les circonstances où les individus qu'il recherche se trouvent rassemblés sur un point, presque aucun de ses œufs ne sera perdu. Un ichneumon frappera mortellement une légion de chenilles.

L'année suivante, les parasites seront si nombreux qu'on verra la destruction de l'espèce nuisible s'accomplir avec une étonnante rapidité. A présent, les insectes préjudiciables à la végétation sont rares, et les ichneumons abondent. Ceux-ci, n'ayant plus la possibilité d'assurer le dépôt de leurs œufs, périssent la plupart sans laisser de postérité, et les individus de l'espèce phytophage, désormais moins exposés aux atteintes d'ennemis redoutables, multiplient de nouveau. Ainsi se produisent dans une multitude de circonstances les apparitions et les disparitions successives de certains insectes. Au milieu de ces perpétuelles conflagrations où des milliers d'êtres succombent, est-il donc possible d'apercevoir une cause capable d'agir sur les formes des espèces qui tour à tour perdent l'avantage et le reprennent ? Les partisans des transformations indéfinies ne l'ont pas découverte.

Examinant les résultats de la lutte pour la vie, M. Darwin rappelle que certaines plantes viennent tout à coup envahir un terrain sur lequel croissaient d'autres plantes ; l'ancienne végétation disparaît, une nouvelle la remplace. On en connaît certes plus d'un exemple. Notre chardon commun s'est prodigieusement répandu, assure-t-on, dans les plaines de la Plata et dans d'autres pays, il a fait périr une foule d'herbes. En France, une plante de la famille des scrofulaires est assez commune; depuis plusieurs années, remarquent les botanistes, une plante du même groupe, ayant un port presque semblable, mais originaire de l'Amérique septentrionale, s'est beaucoup multipliée dans le bassin de la Loire, et elle gagne le bassin de la Seine. Dans les lieux où elle prospère, l'espèce indigène cesse d'exister. Très fréquemment on nous informe que, dans un canton où vivait tel oiseau, un autre oiseau l'a chassé ; on affirme qu'en Australie une petite abeille inoffensive particulière à la région a disparu des localités où l'abeille d'Europe a été introduite. Tout le monde a entendu parler des rats noirs qui s'étaient établis dans nos villes du XVIe au XVIIe siècle ; le gros rat brun, le surmulot pour les zoologistes, est venu à une époque plus récente, et les premiers envahisseurs ont été anéantis.

Le spectacle de véritables combats pour l'existence a été donné par les deux sortes de rongeurs ; rats noirs et surmulots ont de bons rapports de voisinage dans les lieux où la nourriture s'offre en abondance ; dans les endroits où la disette se fait sentir, les plus forts égorgent les plus faibles. Par suite des luttes entre les êtres, il arrivera donc quelque changement à l'égard de la flore et de la faune d'une contrée ; — pourtant on ne voit guère d'espèces détruites sur une portion de territoire cesser d'être représentées dans la nature. Ce n'est pas au reste la question qui nous occupe ; il s'agit toujours de ces transformations imaginaires et nous ne voyons pas qu'elles prennent une apparence de réalité lorsqu'un chardon ou une ortie vient occuper la place d'un autre végétal. Personne ne doute que des plantes et des animaux puissent disparaître du monde vivant, les débris organiques arrachés à la terre sont des témoignages sûrs ; en songeant seulement aux temps actuels, on n'oublie pas que l'homme a consommé la destruction de grands mammifères et d'oiseaux remarquables. »

La vie des êtres se trouvant fort inégalement menacée, si la faculté de propagation était peu différente, la fin des combats aurait été prompte. Dans la nature entière, il existe un merveilleux rapport entre la fécondité de la créature et les dangers qui l'environnent. Ainsi qu'on l'avait remarqué avant M. Darwin, toute espèce tend vers l'accroissement ; déjà très prononcée chez les êtres le mieux doués, cette tendance devient extraordinaire parmi les organismes inférieurs. Tombant plus ou moins au hasard, poussées par les vents, les graines ont la même destinée sans avoir le même sort. Une part énorme appartient aux oiseaux et aux insectes ; une part semble devoir rester inutile. La plante croît et multiplie dans une autre proportion que l'animal qui la ronge ; en général la bête herbivore est plus féconde que la bête carnassière, l'espèce de petite taille plus que l'espèce de grande dimension. Entre les représentants du même genre ou de la même famille, pareille diversité est manifeste selon que les conditions d'existence offrent plus ou moins de périls.

Certains êtres sont doués d'une faculté de procréation extraordinaire, qui se révèle seulement dans des circonstances exceptionnelles. Les mouches, dont les larves dévorent les cadavres, en fournissent l'exemple le plus saisissant. Au jour d'un désastre, ces insectes apparaissent en quantité formidable, et bientôt les matières corrompues se trouvent anéanties. Les vers parasites n'arrivent que par une sorte d'accident dans le milieu où ils peuvent vivre ; ils sont d'une fécondité prodigieuse.

En voyant la multitude des œufs dans le corps d'un poisson, on s'étonne volontiers par l'idée de l'innombrable postérité que peut fournir un individu. Il y a quelques années, des amateurs de pisciculture, trompés par cette abondance d'œufs et séduits par l'extrême facilité d'obtenir l'éclosion des jeunes sujets, crurent tout simple de repeupler les rivières en jetant à l'eau des centaines de milliers d'alevins ; ils n'avaient songé ni à la quantité d'aliments nécessaire, ni aux chances de destruction absolument fatales. La population des mers est intéressante à considérer à ce dernier point de vue. Les animaux carnassiers dominent par le nombre ; beaucoup plus que sur terre, l'un mange l'autre. Vers, crustacés, mollusques, en général très voraces, se livrent de terribles combats, mais aussi les enfants remplacent vite les mères. Rien de plus instructif que de comparer la masse des œufs chez des poissons d'espèces différentes dont on connaît le genre de vie ; la quantité des œufs dénote l'exacte mesure de la puissance de l'espèce ainsi que des dangers qui la menacent. les féroces requins n'ont pas à la fois plus de deux ou trois petits. Une observation curieuse est facile pour tout le monde ; les crustacés portent longtemps les œufs attachés à la face inférieure du ventre ; sur les marchés, on les voit chargés de la sorte à certains moments de l'année. Le homard a des œufs assez gros et en nombre médiocre ; la langouste en a de tout petits, en quantité incroyable. Pourquoi donc la langouste a-t-elle une fécondité autant supérieure à celle du homard ? L'explication est aisée ; les jeunes homards, presque pareils aux parents lorsqu'ils naissent, se tiennent entre les rochers ; ils grandissent à l'abri des attaques de beaucoup de bêtes carnassières ; les langoustes, pendant le jeune âge, nagent en pleine eau et même en haute mer ; elles deviennent la proie d'une foule d'animaux. En vérité, au milieu des combats pour la vie, tout paraît se compenser d'une façon admirable. On imagine avec peine des modifications dans les caractères et les aptitudes des espèces, mais M. Darwin déclare ne s'occuper de la lutte pour l'existence qu'afin de bientôt faire ressortir l'importance de la sélection naturelle. Ainsi un autre ordre d'idées nous appelle.

Chapitre II.
La sélection naturelle et la sélection sexuelle.

I.

L'auteur de l'ouvrage sur *l'Origine des espèces* a rencontré des mots qui font penser, — c'est être vraiment heureux. Après la *lutte pour l'existence*, il a inventé la *sélection naturelle*, un acte qui, avec le temps, devrait amener parmi les créatures toutes les métamorphoses imaginables. Au premier abord, l'expression a pu séduire comme si elle transportait l'esprit au milieu d'un monde encore inconnu; l'idée que M. Darwin y attache a frappé comme si elle allait devenir la source d'une immense révélation. Chez les plantes cultivées et les animaux domestiques, on est parvenu à fixer certains caractères par le choix persistant des reproducteurs, — par la sélection, selon le terme maintenant consacré; alors, oubliant la tendance des êtres à revenir au type primitif dès qu'ils échappent à des conditions d'existence factices, oubliant l'instinct qui porte les animaux à se soustraire à toute influence capable d'exercer une action sur l'organisme, oubliant plus encore l'attrait de la dissemblance pour les individus, il ne paraissait point trop étrange de supposer qu'au sein de la nature s'accomplit, par une loi fatale, une épuration continuelle, une véritable sélection.

Dans l'hypothèse de la variation indéfinie, l'avenir appartiendrait toujours aux individus les plus robustes, les plus beaux, les mieux doués. Dans la réalité au contraire, les avantages exceptionnels se montrent sans profit pour la descendance, de même que les défauts très accusés apparaissent et s'éteignent. Parmi les hommes, vit-on jamais le génie héréditaire, ou seulement la puissance intellectuelle, la grandeur du caractère, la noblesse des sentiments, la force physique, la beauté, devenir l'apanage d'une lignée? Parmi les animaux, observa-t-on une seule fois que des particularités un peu extraordinaires s'étaient transmises et demeuraient ineffaçables? Non, tout est fini lorsqu'on a montré des variétés locales qui se distinguent par de légères différences de taille ou de coloration; une des plus remarquables modifications dans les formes dont on cite l'exemple se réduit aux découpures de l'aile de certains papillons. Au sein de la nature, le spectacle qui s'offre à tous les yeux apparaît comme un effort incessant pour maintenir les types. A chaque génération, des individus s'écartent-ils de la masse des représentants de l'espèce, soit par un degré de supériorité ou d'infériorité appréciable, soit par quelques signes un peu étranges, aussitôt les influences naturelles et l'instinct se trouvent en jeu pour ramener la descendance au modèle ordinaire.

Les partisans des transformations indéfinies supposent que des individus ayant acquis par exception un avantage ou une qualité ont des chances de vivre et de multiplier très supérieures à celles de la foule. Certes ni l'observation ni l'expérience ne font naître pareille idée. Tout au contraire, on voit parmi les représentants de chaque espèce une moyenne prépondérante; d'une manière générale la médiocrité règne, parce qu'elle est la foule. Nulle part, les êtres qui ne portent point les marques des plus hautes faveurs de la nature ne luttent avec moins d'énergie que les autres pour vaincre les difficultés de l'existence et pour assouvir des passions.

Ceux qui prétendent nous initier à la naissance de nouvelles formes végétales et animales négligent de s'occuper de l'ensemble des ressources dont les créatures disposent. L'instinct de conservation et les désirs qui assurent la propagation appartiennent à la généralité des êtres; s'ils viennent à s'affaiblir ou à disparaître dans les rangs inférieurs de la création, la fécondité y supplée dans une large mesure. La force et l'agilité, la ruse, l'adresse et la dissimulation sont au service de l'instinct. De même que l'homme robuste ou puissamment armé, l'animal vigoureux compte sur sa force quand il brave le danger; plus faible, il emploie la ruse, et celui qui se sert de la ruse triomphe souvent de celui qui met toute sa confiance dans la force. Des actions fort diverses se trouvent continuellement en lutte, et de la sorte les créatures les moins heureusement douées gardent le droit de vivre et d'accomplir leur destinée près des êtres en possession de plus grands avantages.

Le naturaliste déclarant avec hardiesse que la variation qui n'est pas nuisible à l'organisme, devant être profitable, se fixe et s'accentue toujours davantage de génération en génération, s'appuie-t-il donc sur un fait constaté, au moins sur des indices d'une certaine valeur? En aucune façon; le monde entier, les myriades d'espèces de plantes et d'animaux disséminées sur les terres et dans les mers n'ont pu donner lieu à une seule observation, à une seule remarque qui semble justifier la doctrine. Afin de rendre claire l'idée de la sélection naturelle, comme l'auteur d'un conte fantastique, M. Darwin exige qu'on le suive au pays des rêves. Tout modestement il réclame la permission de citer un ou deux exemples imaginaires. Il faudra s'en contenter; —

imaginaire, c'est le premier mot juste de la théorie, il restera le dernier.

« Prenons, dit l'auteur du livre sur *l'Origine des espèces*, le cas d'un loup qui, chassant des animaux de plusieurs sortes, s'empare des uns par ruse, des autres par force, des autres encore par la rapidité de la course, et supposons que le gibier le plus agile, comme le chevreuil, par suite de quelque changement dans le pays, se soit beaucoup multiplié, tandis que tout autre gibier est devenu rare à l'époque de l'année où le loup consomme le plus de nourriture. Au milieu de telles circonstances, poursuit le narrateur, je ne puis apercevoir aucune raison de douter que les loups les plus sveltes et les plus agiles auront la meilleure chance de survivre et seront ainsi l'objet de la sélection, pourvu toujours qu'ils aient conservé assez de vigueur pour saisir leur proie, s'ils se trouvent forcés pendant une saison de chasser d'autres animaux. » Cette vision de loups convertis en rapides coursiers, rappelant sans doute à plus d'un lecteur les belles petites histoires qui l'amusèrent au temps de sa jeunesse, se complète par quelques aperçus. « Même sans aucun changement dans le nombre des animaux capables de tenter notre loup, dira M. Darwin, un louveteau pourrait avoir une tendance innée à poursuivre une sorte particulière de gibier. » Il le croit volontiers, car il a connu des matous enclins à donner la chasse soit aux rats ou aux souris, soit aux moineaux, mais il tient aux loups. Il se figure ceux qui habitent une région montagneuse et ceux qui fréquentent les plaines tout naturellement dans l'obligation de s'attaquer à différentes proies, — la conservation des individus le mieux appropriés aux deux situations devrait, pour satisfaire l'auteur, amener lentement la formation de deux variétés. Nous avons été avertis qu'on nous introduisait dans le domaine de la fantaisie, toute réflexion sur l'exemple choisi est inutile; on a vu précédemment la remarque de Cuvier sur le loup.

Après le rêve, il est bon de revenir à la réalité. Voulant tout de suite apporter une preuve éclatante que les humbles ne cessent d'avoir une part des biens de la nature, nous n'aurons nul besoin de recourir à l'imagination. Sur ce point, l'étude scientifique a déjà fait jaillir quelque lumière. La plus surprenante variabilité dans le développement de l'individu se manifeste chez les espèces d'une famille entière de la classe des insectes. Tout le monde connaît un peu le plus gros coléoptère de notre pays : le *grand cerf-volant*. Les énormes mandibules du mâle, souvent comparées à la ramure des cerfs, ont inspiré également l'appellation vulgaire et le nom zoologique (*Lucanus cervus*). Autrefois les amateurs, recherchant les cerfs-volants ou lucanes qui le soir prennent leurs ébats au voisinage des grands arbres, constataient avec surprise de prodigieuses différences dans les proportions du corps, dans le volume de la tête, dans la puissance et la forme des mandibules, dans la largeur du corselet des individus. Entre les plus gros et les plus petits, les observateurs ne pouvaient se résoudre à voir des frères. L'investigation se poursuivit, et bientôt on sut que les cerfs-volants robustes ou chétifs ont une origine commune. En effet, tous les ans au milieu d'une forêt, souvent dans le même tronc d'arbre, habitent des larves de lucanes, quelquefois sans doute nées de la même mère, et le développement de ces insectes s'effectue d'une manière tellement inégale que parmi les adultes les uns auront un volume double, triple ou quadruple de celui des autres. En Afrique, en Asie, dans les îles de la Mer du Sud, en Australie, en Amérique, il existe des espèces particulières de cerfs-volants, et chacune est représentée par des individus fort dissemblables sous le rapport de la taille comme sous le rapport de la puissance et de la configuration des mandibules. Il n'est pas de naturaliste qui n'ait présente à l'esprit l'étonnante diversité des individus dans le monde des lucanes, diversité permanente dans toutes les parties du globe et dans toutes les conditions où vivent ces insectes. Mâles et femelles, vigoureux ou chétifs, rongent le même feuillage et concourent ensemble à perpétuer l'espèce. Où donc ici trouver l'apparence d'une sélection?

Dans le règne animal, les espèces de lucanes ne sont pas les seules qui, sans le moindre changement d'existence, offrent de surprenantes variations individuelles; les gros scarabées pourvus de cornes fournissent le spectacle d'une diversité presque égale, incessamment renouvelée dans les mêmes proportions. M. Darwin se garde de mentionner de pareils exemples où l'on puise la preuve que la nature n'est nullement impitoyable pour les plus humbles parmi les êtres. Les nécessités de la cause l'obligent à ne pas s'écarter du monde imaginaire. Le rêveur y découvre un phénomène complexe. Supposons, dira-t-il, une plante dont la fleur fournit une liqueur sucrée; les insectes avides de humer le nectar se couvriront de pollen et souvent le porteront au loin sur le pistil de la fleur d'un autre individu. Au lieu de se produire sur place, la fécondation étant opérée entre les fleurs de deux pieds de la même espèce, nous avons bonne raison de croire, ajoute l'auteur, que les semences auront la meilleure chance pour se développer. C'est le souvenir d'un fait très ordinaire, mais aussitôt M. Darwin voit la production du miel augmenter, les insectes visiter avec délices les fleurs privilégiées, les fécondations favorables au maintien de l'espèce devenir plus fréquentes, et enfin il accorde la survivance aux représentants choisis de l'espèce végétale; tout un petit roman. Après la plante, qui, par une sélection imaginaire, a lentement accru son aptitude à donner du miel, les insectes trouvant la nourriture dans le nectaire des fleurs doivent, selon l'idée du grand partisan de l'évolution perpétuelle, mettre à profit les avantages de la fortune. Les industrieux hyménoptères de la famille des abeilles, on le sait, déploient une extrême activité; ils accomplissent de pénibles travaux comme si les minutes étaient comptées; faute d'atteindre aisément avec la langue le fond d'une corolle, ils se hâtent de pratiquer une entaille près de la base. M. Darwin, ayant médité sur de tels actes, déclare « n'avoir aucune raison de douter qu'une déviation accidentelle, soit dans la dimension et la forme du corps, soit dans la courbure ou la longueur de la trompe, trop faible pour tomber sous nos sens, puisse néanmoins être utile à l'abeille, de telle sorte que l'individu favorisé d'une manière imperceptible serait capable de prendre sa nourriture plus vite et aurait une meilleure chance de vivre et de laisser une postérité. » Les descendants, dit-on, hériteraient probablement de la tendance au même genre de déviation. De pareilles hypothèses peuvent sembler ingénieuses à des personnes qui ne se livrèrent jamais très sérieusement à l'observation de la nature; aux yeux d'investigateurs, elles apparaissent comme des conceptions d'une philosophie primitive. Ne négligeons pas cependant la dernière partie de l'exemple de sélection inventé pour répandre la lumière sur la théorie. M. Darwin nous conduit au milieu des champs cultivés où croissent le trèfle des prés et le trèfle incarnat, c'est-à-dire sur un sol transformé par la main des hommes. Abeilles et bourdons s'agitent; les premières puisent sans peine le miel au fond de la corolle du trèfle incarnat; elles n'y parviennent pas sur les fleurs du trèfle commun, que les bourdons trouvent à leur convenance. Ainsi ce serait un grand avantage pour l'abeille, remarque le savant anglais, d'avoir la trompe un peu plus longue ou différemment construite. La fertilité du trèfle dépend beaucoup des visites et des mouvements des insectes; alors supposant les bourdons devenus rares dans une contrée, il y aurait, pour le trèfle des prés, profit réel d'avoir le tube de la corolle plus court ou plus profondément divisé afin d'ouvrir son trésor à l'abeille commune. Voilà comment M. Darwin conçoit l'insecte et la fleur avec le temps capables de s'adapter l'un à l'autre d'une manière parfaite par la conservation des individus affectés de légères déviations de structure.

Le tableau est la parodie d'une scène de la nature; tracé pour des lecteurs qu'on espère séduire par le charme de la description, on ne s'inquiète pas si les détails paraîtront inouïs à des observateurs. Qui ne s'étonnerait de l'idée d'un allongement de la trompe chez l'abeille vulgaire, — avantage appelé à s'accroître de génération en génération? On le sait, les abeilles qui vont sur les fleurs puiser le miel sont des ouvrières, des individus stériles; prisonnière dans la ruche, la femelle féconde prend la nourriture mise à sa portée. Au reste, allons au milieu des campagnes, d'un œil attentif suivons les différents hyménoptères avides du miel des fleurs, examinons en même temps les détails de la conformation de ces insectes, il sera impossible alors de ne pas demeurer convaincu que toute déviation de structure serait une circonstance fâcheuse pour l'espèce, une monstruosité gênante. La sélection imaginaire des individus possédant une trompe un peu plus longue que les autres ramène la pensée aux vues de Lamarck. Le savant français supposait la girafe toujours en peine pour atteindre le feuillage des grands arbres; il voyait à la suite d'efforts continuels le cou de l'étrange mammifère allongé d'abord d'une manière inappréciable, et la modification gagnée, transmise par voie héréditaire, augmentant à chaque génération. Entre le changement présumé de l'hyménoptère et celui du mammifère, l'analogie paraît frappante. On expliquera néanmoins que la différence est considérable : Lamarck s'est inquiété seulement du résultat de l'effort de l'animal, M. Darwin a songé à la survivance des individus modifiés; dans l'opinion des Anglais, c'est beaucoup plus beau.

Les partisans de la doctrine de l'évolution perpétuelle se préoccupent infiniment des effets de l'usage et du défaut d'usage; ils aimeraient y découvrir l'origine des prétendus changements survenus dans la conformation des êtres. Certes, la vigueur du corps ou d'un membre s'accroît et se conserve par l'exercice, un affaiblissement se manifeste par suite d'une longue inertie. Le fait n'est pas en question; les résultats d'expériences multiples que personne n'a préparées s'offrent à tous les regards. Chez les peuples civilisés, les goûts, les habitudes, les nécessités du travail entraînent des efforts très variables, et chacun peut en apprécier les effets. A l'égard des animaux domestiques, on a vu dans quelles limites est modifié le sujet qui a les jambes trop grêles ou les ailes trop courtes. M. Darwin n'hésite pas à convenir que pour les êtres vivant à l'état de nature aucun terme de comparaison ne permet de juger des effets ou de l'exercice ou du défaut d'usage. On n'a jamais vu un animal sauvage ne pas se servir de ses membres ou laisser des organes inactifs. Les créatures libres usent de leurs facultés dans la plus large mesure possible; des oiseaux ou des insectes n'ayant que des ailes imparfaites les agitent avec force afin d'accélérer la course; des reptiles qu'on appelle des scinques, jolis lézards vêtus d'écailles polies et brillantes, fort communs dans l'Europe méridionale, en Afrique et en Asie, ont le corps long et les membres tout petits, c'est merveille de voir la peine qu'ils se donnent pour aller vite avec leurs petites pattes. Qu'importe en ce moment le monde réel? c'est dans un monde imaginaire qu'on nous a transportés; avant d'en sortir, il est essentiel de le bien connaître, les prodiges de la sélection naturelle ne sauraient être trop sérieusement considérés.

Un oiseau qui ne vole pas semble une sorte d'anomalie, et pour- tant il existe des oiseaux incapables de voler, — ils n'ont que des ailes rudimentaires. Autrefois il y en avait davantage; nous avons retracé l'histoire de ces créatures belles ou étranges qui vivaient encore il y a deux siècles à l'île de France, à l'île Bourbon, à l'île Rodriguez. A une époque dont il paraît impossible de préciser le terme, la Nouvelle-Zélande était habitée par les *dinornis* et Madagascar par les *œpyornis*, qui erraient à la manière des autruches et des casoars. M. Darwin songe à ces coureurs emplumés, et il affirme sa croyance que de tels oiseaux ont négligé l'usage des ailes, et après une suite de générations ont perdu la faculté de s'élever dans l'air parce qu'ils occupaient des îles où l'on ne rencontre pas de grands carnassiers. Il est permis de s'étonner que tous les individus de chaque espèce aient été pris ensemble de la même paresse; on se figure peu des êtres renonçant au plaisir d'une locomotion facile et pleine d'agrément, s'ils n'ont pas à craindre la poursuite d'ennemis dangereux. A voir les ébats, les courses folles, les évolutions sans fin de nos oiseaux, on se persuade que le besoin de fuir le danger n'est pas le seul mobile qui anime les créatures en possession d'une entière liberté. M. Darwin se contente de préparer d'autres surprises.

C'est à la quiétude trop parfaite dont jouissaient les oiseaux insulaires qu'il attribue l'abandon de l'usage des ailes, et cependant il ne peut oublier l'autruche. Aucune difficulté ne l'arrête. L'autruche habite un vaste continent et se trouve exposée aux attaques des lions et des panthères; incapable de s'envoler, elle se défendra le mieux possible à coups de pied. Satisfait de l'explication, le terrible savant ajoute : « Nous pouvons imaginer que le premier ancêtre de l'autruche avait les habitudes de l'outarde ; par une sélection naturelle dans les générations successives, le poids et le volume du corps ont augmenté ; les pattes sont devenues d'un usage plus ordinaire, les ailes d'un emploi moins fréquent, et l'animal n'a plus connu la faculté du vol. » Dans les parcs des ménageries, il n'est pas rare de voir courir une autruche; de ses petites ailes, elle bat l'air avec violence. Certainement qu'au désert, à l'approche d'un ennemi redoutable, l'oiseau tire tout le parti possible de ses membres avortés, afin de précipiter sa fuite. Si M. Darwin craignait de se contredire, n'affirmerait-il pas ici que de semblables efforts doivent produire un allongement des ailes? Au reste, pour un instant, ne refusons pas d'admettre l'existence d'une atrophie provenant d'un défaut d'usage dont le monde ne vit jamais d'exemple dans l'état de nature, la théorie n'en paraîtra guère plus solide. Par l'ensemble de la conformation, l'autruche et les autres grands oiseaux coureurs diffèrent des oiseaux ordinaires à beaucoup d'égards; en un mot, ils sont d'un type très particulier. L'idée d'une origine commune avec l'outarde serait fort extraordinaire aux yeux des vrais zoologistes, elle n'a pas été formulée; mais nous savons que, dans le domaine de la rêverie, toutes les audaces sont autorisées. Cependant il ne s'agit encore que de changements survenus par suite du mode d'exercice, et alors si, dans les temps primitifs, l'autruche avait été habile au vol, l'individu de l'époque actuelle ressemblerait à son ancêtre comme le coq de race cochinchinoise ressemble au coq bankiva sauvage. — L'espèce serait toujours la même.

Un oiseau coureur, par la taille inférieur à l'autruche, le nandou, erre dans les vastes plaines de l'Amérique du Sud; c'est le pays du couguar et du jaguar. Selon toute apparence, si les nandous inoffensifs avaient la notion précise des avantages physiques, ils regretteraient en maintes rencontres de ne pouvoir s'envoler. Ici, la paresse dont on charge les habitants des îles paisibles resterait sans excuse, et M. Darwin lui-même se trouverait obligé de faire l'aveu que la sélection a bien mal opéré. Les autruches, les nandous, les casoars, les dinornis, les œpyornis, appartenant à un même groupe naturel, n'ont pas reçu l'usage des ailes, la faculté du vol semble incompatible avec un volume très considérable; des oiseaux du même type que ces oiseaux gigantesques, les aptéryx de la Nouvelle-Zélande, par exception réduits aux proportions des gallinacés, sont également des coureurs. Dans la nature, c'est toujours le caractère le plus important ou le plus général qui domine, malgré de notables déviations.

M. Darwin s'occupe des êtres qui habitent les lieux obscurs : animaux aveugles, en général très remarquables par l'ensemble des caractères. Le système conduit à déclarer que l'atrophie ou la disparition des yeux est due probablement à une réduction graduelle provenant du défaut d'usage, mais peut-être aidée par la sélection naturelle. » M. Darwin se montre assailli par le doute. La cause de l'état des organes de la vision chez les créatures qui demeurent dans une nuit perpétuelle est donnée simplement comme probable, le concours de la sélection n'est pas affirmé. Cette réserve, qui trahit une immense inquiétude au sujet de la valeur de l'idée de la transformation sans limites, est pleinement justifiée. L'atrophie des yeux, par suite d'un séjour permanent dans l'obscurité, pourrait ne pas sembler un phénomène physiologique très extraordinaire ; mais ce n'est pas faire œuvre de science de s'arrêter à un point spécial de l'organisation du type, et de ne songer ni aux autres particularités de conformation, ni aux circonstances nécessaires ou indispensables à la vie et à la propagation de l'espèce. Or les animaux aveugles appartiennent la plupart à des types très singuliers; ils n'ont que des rapports éloignés avec les êtres de même groupe jouissant de la lumière. M. Darwin témoigne d'une certaine faiblesse par son silence absolu à l'égard de tous les faits qu'il considère sans doute comme écrasants pour sa doctrine; il est vraiment trop habile dans cet art de la sélection dont il veut faire honneur à la nature.

Dès qu'il s'agit d'animaux aveugles, chacun pense à la taupe. Tout le monde connaît la bête au corps cylindrique, au museau saillant, aux pattes courtes et robustes si admirablement construites pour creuser. L'appropriation à la vie souterraine est complète jusque dans les moindres détails, et l'auteur du livre sur *l'Origine des espèces* n'aperçoit que l'état de cécité. La taupe a été rendue aveugle parce que la nuit règne dans sa demeure; comme les autres mammifères, selon l'avis de M. Darwin, les premiers parents de l'animal abhorré des cultivateurs avaient des yeux excellents. Demandons alors par quel prodige la créature née pour voir la lumière du soleil a pu devenir l'habitant des plus sombres retraites ; avec simplicité on nous répondra : j'imagine que l'animal aura trouvé quelque avantage à fuir la société. De nouvelles questions paraîtraient évidemment fort indiscrètes.

Le genre d'explication adopté par M. Darwin permet d'aller loin sans rencontrer d'embarras sérieux. Aussi, assure-t-on, un des plus éminents naturalistes étrangers de notre époque, qui désirait faire bien comprendre la théorie sur l'origine des espèces, n'eut qu'à choisir un exemple imaginaire encore un peu plus saisissant que celui de l'autruche et de la taupe pour montrer toute la grandeur de l'idée. Un poisson, disait l'illustre professeur, s'approche de la rive, et, considérant le charme du paysage, cède à la folle envie d'aller faire un tour au bois. Avec une certaine lenteur, les nageoires s'allongent et se convertissent en pattes. Pour respirer dans l'air, les branchies sont inutiles et les poumons nécessaires; quelques millions d'années, et tout s'arrange : nous avons alors un animal qui court et grimpe d'une façon irréprochable. A cette peinture s'ajoute à merveille la remarque souvent reproduite dans les œuvres du savant anglais : nulle difficulté d'explication ! L'histoire de la taupe serait infiniment plus bizarre que celle du poisson renonçant pour toujours à la vie aquatique. Avec le poisson, on peut chercher l'analogie dans les métamorphoses des grenouilles et des salamandres. Au sujet de la taupe, on n'aperçoit rien au monde qui donne la pensée d'un mammifère dont les membres, conformés pour la course, deviennent des instruments de mineur d'une étonnante perfection. Si l'on suppose la sélection capable de produire un pareil miracle, il faut admettre qu'elle agira en sens contraire. Des individus s'ennuyant au milieu des ténèbres s'efforceront de s'établir au grand jour : alors peu à peu les yeux s'ouvriront, le museau s'affaiblira, les pattes s'effileront, et les descendants de nos fouisseurs seront des animaux agiles. Le domaine de la fantaisie n'a pas de limites; mais, dans sa préoccupation de la réalité, l'observateur ne peut se défendre d'invoquer la science acquise. Des ossements ont été rencontrés dans des couches déjà fort anciennes; ils attestent que l'animal souterrain de l'époque actuelle ne diffère pas de l'animal des temps géologiques. La taupe est d'un type singulièrement caractérisé; dans son voisinage, elle n'a pas de plus proches alliés que le hérisson et la musaraigne. Est-il possible d'imaginer un ancêtre commun pour la taupe, le hérisson et la musaraigne ! Sur ce point, M. Darwin cache son sentiment. Il a tort, car en présence de formes très nettement séparées, il se tire habituellement d'embarras avec une aisance incomparable. Les intermédiaires, dira-t-il, avaient sans doute pour la vie moins d'aptitudes que les autres, ils ont disparu. Après cela, les partisans de l'évolution perpétuelle estiment qu'il est d'un esprit arriéré de ne pas se montrer pleinement satisfait d'une explication aussi heureuse.

De petits coléoptères carnassiers habitent des grottes obscures en quelques parties de l'Europe et de l'Amérique du Nord; ils sont aveugles; on les désigne sous le nom d'*anophthalmes*. L'auteur du livre sur *l'Origine des espèces* a été instruit que ces insectes ne ressemblent à nulle créature vivant dans les conditions ordinaires. Il n'éprouvera pas la moindre peine à déclarer que les anophthalmes clairvoyants ont dû s'éteindre; il faut toujours s'en prendre à la sélection. Décidément le mot est magique. Au sujet de la faune de Madère, le savant anglais tombe dans une amusante méprise. Un habile entomologiste, M. Wollaston, a recherché avec un soin extrême les coléoptères qui vivent dans l'île; 550 espèces environ ont été recueillies, et sur ce nombre 200 à peu près manquent de la faculté du vol. M. Darwin attribue l'atrophie des ailes au défaut d'usage et à la sélection. Ne croirait-on pas que sur le continent les insectes appartenant aux mêmes types sont mieux partagés? Il n'en est rien. Les représentants d'une famille entière de coléoptères ne volent pas; ce sont des insectes noirs, amis des ténèbres, qui abondent dans les grottes et dans les endroits arides au milieu des sables brûlants. De même que les côtes de la Méditerranée, Madère offre des stations favorables à la vie de ces créatures. Notre auteur se préoccupe peu des conditions indispensables à l'existence des diverses espèces, et c'est la connaissance seule de ces conditions qui permet d'expliquer la présence de beaucoup de types particuliers de plantes et d'animaux sur certains points du globe.

Les recherches des géologues paraissent avoir singulièrement encouragé l'idée de perpétuels changements dans la conformation des êtres; une comparaison donne confiance aux partisans de la variation indéfinie, mais par malheur, du côté de la nature vivante, la comparaison n'est justifiée par aucun fait. En observant l'érosion produite sur des roches par l'action de l'eau, le travail de plusieurs années semble parfois imperceptible. Il est aisé néanmoins de le reconnaître ; on pourra donc avec une sorte de certitude calculer le temps qui a été nécessaire pour amener l'état actuel et prévoir un résultat considérable dans la suite des siècles; de même, s'il s'agit de la diminution d'un glacier ou de l'accroissement d'un dépôt. La faute est de supposer une analogie chez les plantes et les animaux, de croire qu'une légère variation se transmet par voie d'hérédité et augmente sans cesse comme le sable que le flot apporte sur la grève. En se résignant à citer des exemples imaginaires, M. Darwin a fourni la preuve de l'impossibilité de saisir un seul indice de variations susceptibles de s'accumuler.

A l'égard de la sélection naturelle, un dernier trait du célèbre philosophe naturaliste achèvera de montrer ce que vaut l'hypothèse. L'idée de perfection croissante de chaque type reporte inévitablement l'esprit sur les êtres inférieurs; on trouve alors que la doctrine ne s'accorde guère avec les faits. M. Darwin ne voit aucune raison de s'en inquiéter. Si on demande pourquoi les espèces d'organisation élevée n'ont pas d'une manière générale supplanté ou exterminé les formes les moins parfaites, il répondra avec son assurance habituelle : « Dans notre théorie, l'existence continue d'organismes inférieurs n'offre aucune difficulté; la sélection naturelle, ou la survivance des individus les mieux doués, n'implique pas de toute nécessité un développement progressif, elle profite seulement de telles variations qui surviennent et qui réalisent un bienfait pour la créature. On chercherait en vain, ajoutera le narrateur, quel avantage il y aurait pour un infusoire, un ver intestinal ou même un ver de terre à posséder une organisation plus complexe. S'il n'y a pas d'avantage, les formes ne seront point améliorées ou ne le seront que faiblement; elles pourront demeurer à travers les âges dans la présente condition d'infériorité. » La contradiction est flagrante, la réflexion que suggèrent l'infusoire et le ver de terre s'applique à tous les types du règne animal comme du règne végétal; en un mot, la condamnation du système est prononcée par l'auteur lui-même dès qu'il consent à envisager l'état de la nature.

II.

Un naturaliste qui a beaucoup recherché les animaux en différentes parties du monde, M. Alfred Wallace, l'habile explorateur de la Malaisie, a manifesté d'une façon très indépendante des sentiments favorables à la sélection naturelle. Il a été fait grand bruit d'un pareil acquiescement à certaines vues de M. Darwin, — on assure que la foi des premiers jours est maintenant très ébranlée; peu importe, car il s'agit de se préoccuper d'un ensemble d'observations et de remarques fort intéressantes. Jusqu'à présent, il n'était question que de choses imaginaires; avec M. Wallace, le spectacle de la vie réelle est devant les yeux; le champ de la controverse est borné à l'interprétation.

On sait combien d'animaux affectent les teintes des objets qui les environnent; le vêtement les dérobe à la vue et les protège, comme le manteau couleur de muraille dissimule le rôdeur nocturne. Un phénomène plus extraordinaire, c'est l'apparence ou la physionomie que des êtres de certains groupes semblent avoir empruntée à des représentants d'autres groupes. Depuis longtemps, on signalait de nombreux exemples de cette sorte de déguisement, et dans plusieurs circonstances sans comprendre le dessein de la nature. Un voyageur anglais, M. H. Bates, parcourut la vallée de l'Amazone accordant la meilleure part de son attention aux magnifiques lépidoptères qui abondent dans la chaude région, où ils répandent sur le paysage un charme inexprimable. Un fait ignoré jusqu'alors fut révélé. Les espèces les plus communes, très exposées aux regards des oiseaux, possèdent un moyen de défense, les autres en sont privées et celles-ci se confondent avec les premières : elles trompent l'ennemi à la faveur de l'imitation. La ressemblance est un mode de protection donné par la nature. L'observation comparative des animaux de groupes divers portant pareille livrée promettait d'apprendre une foule de particularités curieuses de la vie des êtres. En Angleterre, plusieurs investigateurs ont pris part à cette étude; voyant que de minimes détails du costume jouent un rôle considérable dans l'existence de pauvres créatures sans défense, on s'est animé à cette recherche; le mot de *mimicry*, dont on regrette de ne pas trouver l'équivalent dans la langue française, a été adopté comme l'expression bien caractéristique d'un phénomène beaucoup plus général qu'on ne l'avait supposé; il touche l'esprit en reportant la pensée aux scènes du théâtre antique, à la condition des mimes. Au milieu de ses longues pérégrinations, M. Wallace, toujours attentif aux ressources de la vie dans le monde des animaux, a vu mille déguisements qui n'avaient pas encore été signalés. M. Darwin supposant chaque avantage acquis par un individu appelé non-seulement à ne pas disparaître, mais encore à grandir de génération en génération, il a suffi à l'explorateur de la Malaisie, pour apercevoir le signe d'une sélection naturelle, de croire que le déguisement dont une multitude d'espèces offre l'exemple a été lentement obtenu. Des faits remarquables entre tous méritent d'être bien connus; ils ouvrent un vaste champ à la méditation, ils donnent l'idée d'une ravissante harmonie au sein de l'univers, ils conduiront à décider s'il est moins sage d'attribuer l'état de la nature à une suite d'heureux changements qu'à des conditions déterminées dès l'origine.

La couleur est souvent protectrice de la vie de la créature. A cet égard, le principe d'utilité, dont parlent beaucoup les partisans de la théorie des transformations indéfinies, manifeste dans toutes les parties de l'organisme, réclame peu de clairvoyance pour être jugé indiscutable. Autrefois, comme aujourd'hui, le chasseur s'est aisément convaincu que l'animal réussit à se dérober à la faveur d'une teinte grise ou fauve se distinguant à peine de celle du sol, ou d'un plumage dont la nuance se confond avec celle des feuilles. En maintes circonstances, nos lièvres et nos lapins, fuyant sur une terre nue, dépistent les malheureux qui les poursuivent. Les antilopes d'Afrique et les kangourous d'Australie ont un pelage procurant de pareils succès. On cite le lion comme magnifique exemple de conformité de coloration ; couché sur le sable du désert ou tapi entre les pierres, l'animal doit être presque invisible à distance, et la gazelle approche sans crainte. L'ours polaire ne tranche en aucune façon sur les glaces; le renard arctique, l'hermine, le lièvre des Alpes aux teintes terreuses pendant l'été, ont l'hiver la blancheur des champs de neige qu'ils parcourent. Les bêtes nocturnes, chauves-souris, rats et souris, portent le vêtement qui dissimule le mieux dans l'obscurité. A la vérité, le tigre, le léopard, les panthères, ont des marques bien voyantes; ils se cachent sur les arbres; d'ailleurs, dit avec certaine raison M. Wallace, l'appropriation aux conditions d'existence demeure plus ou moins complète, d'autres naturalistes soupçonnent des desseins de la nature encore voilés à nos yeux.

Parmi les oiseaux, les couleurs protectrices sont fort ordinaires. Même sans les récits des voyageurs, on présumerait à bon droit que les perroquets, les touracos, les guêpiers parés de belles teintes vertes, sont difficiles à découvrir dans le feuillage des forêts tropicales. Au désert, les abris manquent : sur de vastes étendues, on ne voit ni un arbre, ni un buisson; alouettes, cailles, fauvettes et gangas qui parcourent l'espace, ont des nuances grises ou une couleur isabelle comme les sables. Dans les montagnes de l'Europe, aux jours de l'été, le lagopède a un plumage qui s'harmonise d'une façon complète avec la nuance des pierres couvertes de lichen, il se complaît entre ces roches, et, disent les chasseurs, souvent une bande entière d'oiseaux échappe à la vue. L'hiver, le lagopède a changé de costume;

aussi blanc que la neige, il conserve l'avantage de ne point éveiller l'attention. Les teintes jaunes, brunes et cendrées des feuilles mortes se retrouvent dans le plumage du coq de bruyère; sous les grands arbres, affaissé sur le sol, l'animal demeure presque invisible. Un engoulevent de l'Amérique du Sud, aux couleurs plus claires que les autres espèces du même groupe, habite des îlots pelés du Rio-Negro supérieur, rapporte M. Wallace; immobile sur la roche nue, l'oiseau semble défier toute clairvoyance.

Aussi bien ou mieux encore que les mammifères et les oiseaux, les reptiles, par caractère enclins à la dissimulation, ont en général des couleurs faites pour tromper. La vipère cornue et le grand lézard des sables de l'Egypte et du Sahara qu'on nomme le *varan du désert* présentent du sol le ton uniforme. Dans les chaudes contrées, tranquilles sur les troncs, les geckos exposent au soleil un dos marbré qu'on distingue avec peine de l'écorce. Nos lézards courant à travers les buissons ou dans les herbes sont d'un beau vert; les magnifiques iguanes de l'Amérique du Sud vivent sur les arbres, et ils ont absolument la couleur du feuillage. Des serpents peuvent être confondus avec des branches; d'autres, les dendrophides de l'Inde, des îles de la Sonde ou des Moluques, ont des teintes vertes d'une ravissante fraîcheur, rehaussées par des marques blanches ou noires : une imitation de végétal. Chacun sait par expérience si les gentilles rainettes sont faciles à découvrir sur les plantes aquatiques.

Au milieu du monde de la mer, de nombreuses espèces semblent aussi avoir emprunté l'aspect des lieux. Des poissons tels que les soles, les floundres, les plies, affectent la teinte du gravier; des animaux qui ne s'éloignent pas des rivages se perdent dans la végétation marine à la faveur du coloris. On cite les hippocampes d'Australie, comme remarquable exemple d'appropriation heureuse; ces poissons portent des appendices d'un rouge vif qu'on prendrait pour des brins des fucus d'alentour; au repos, l'animal demeure invisible sur les plantes. Parmi les insectes, l'adaptation aux circonstances ordinaires de la vie est encore plus saisissante que dans les autres groupes du règne animal. Ce sont des chenilles teintes de la couleur des feuilles, des chenilles grises ou brunes comme les écorces, des sauterelles vertes comme les prés. Dans les chaudes régions du globe, sur les arbustes se tiennent les spectres, curieuses bêtes de grande taille, à la démarche d'une extrême lenteur; le corps est si pareil à une petite branche, les pattes à des tiges grêles, que la clairvoyance de l'homme et des animaux est continuellement déjouée. Des insectes de la même famille, les phyllies, habitent les parties méridionales de l'Inde, les îles de la Sonde, les Moluques. Sur les arbrisseaux restent immobiles de longues heures, les femelles et les jeunes individus; formes et nuances sont faites pour tromper. Tout l'animal est d'un vert charmant qui se confond avec la plante; le corps large et plat ressemble à une feuille; les ailes, traversées par des nervures et comme réticulées, ont également l'apparence des feuilles ; les pattes, pourvues d'expansions découpées d'une façon bizarre, affectent la physionomie de certaines portions du végétal. Il y a quelques années, des phyllies apportées à Paris vécurent plusieurs mois au Jardin d'acclimatation du bois de Boulogne, causant la surprise des visiteurs. Au milieu de la riche végétation des contrées tropicales de l'Amérique du Sud abondent les capricornes; beaucoup d'espèces ont des teintes grises rehaussées de lignes irrégulières brunâtres; d'autres ont la surface du corps et des élytres inégale, même rugueuse; c'est une étonnante imitation de l'écorce. Pendant la chaleur du jour, ces insectes demeurent fixés sur les troncs d'arbres; on regarde, on examine, et souvent on ne parvient point à les apercevoir. Certains coléoptères, les chlamys, se font remarquer par des ciselures et des sculptures d'un caractère singulier; sur les plantes, on les confond avec les déjections des chenilles. Des espèces de forme hémisphérique, des cassides, offrent l'éclat de l'or; sous la vive lumière du soleil, on les prend pour des gouttes de rosée. Des insectes carnassiers d'une élégance incomparable, d'une agilité merveilleuse, ont eux-mêmes des couleurs qui les dissimulent. Échapper à des ennemis puissants et ne pas effaroucher de pauvres créatures destinées à devenir une proie sont des avantages qu'en plus d'une circonstance les jolies cicindèles doivent à leur vêtement. Verte comme les prés, notre cicindèle champêtre fréquente les endroits herbus; grises ou brunes, les autres cicindèles de notre pays courent et voltigent ordinairement sur le sol nu et sur les sables. Dans les îles de la Malaisie, M. Wallace a observé des espèces du même genre encore plus heureusement appropriées aux milieux où elles passent leur existence. Une d'elles, toute veloutée et d'un vert profond, ne fut jamais rencontrée que dans le lit d'un torrent sur des pierres chargées de mousse; l'œil exercé de l'entomologiste avait des peines infinies à la découvrir. Une cicindèle brune, de grande taille, se montrait particulièrement sur les feuilles mortes dans les sentiers des forêts. Une autre erre sur la vase humide de marais salants; elle est d'un ton olive luisant, si pareil à celui de la vase que l'investigateur ne réussissait à distinguer l'insecte qu'à son ombre au moment où brillait le soleil. Sur des rivages couverts d'un sable blanchâtre, le naturaliste était certain de trouver une cicindèle toute pâle, sur des terres volcaniques une espèce de couleur sombre.

Dès que l'attention s'arrête sur un sujet en apparence aussi peu important que des détails de coloration, mille remarques curieuses s'offrent à l'esprit. La conformité de nuances est le signe d'une protection de la vie de la créature; elle trahit des conditions d'existence; — sur un simple indice se révèle un ensemble de phénomènes. En général, nos papillons de nuit portent modestement des couleurs grises ou brunes avec des taches ou de fines rayures noirâtres; posés pendant le jour sur l'écorce des arbres, sur les pierres, sur les murailles, ils sont à peu près invisibles à la moindre distance. Quelques espèces ont une teinte verdâtre ou plutôt un mélange de gris et de vert ; celles-ci se tiennent habituellement sur les troncs et les rochers dont les lichens se sont emparés. Au vol, de grandes noctuelles de notre pays, les lichenées, attirent les yeux; elles ont des couleurs bleue, rouge, orange très vives, mais la voyante parure est limitée aux ailes postérieures ; au repos, les ailes supérieures, d'un gris uniforme, la cachent, et l'insecte, immobile sur une écorce, ne risque guère d'être aperçu de l'oiseau en quête de sa nourriture. Plusieurs espèces de proportions minimes se reposent souvent sur les feuilles vertes; de loin, c'est une tache très distincte où le gris et le noirâtre se mêlent au blanc pur. Il a fallu les fréquentes méprises des amateurs pour reconnaître un singulier genre d'imitation. Ces insectes, qui s'exposent si ostensiblement à tous les regards, sont fort bien protégés par les couleurs ; ils ont absolument l'aspect des fientes d'oiseaux. Les lépidoptères, qui paraissent dans les mois de septembre et d'octobre, affectent la plupart des teintes qui s'harmonisent avec la végétation de l'automne. L'apparence d'une feuille morte se retrouve chez plusieurs espèces, et *feuille morte* est devenu le nom vulgaire d'un gros papillon aux ailes dentelées, assez commun en France. Aux jours d'hiver, lorsque le ciel est serein, voltigent encore quelques phalènes; pâles, argentées, les pauvres créatures semblent ne devoir chercher refuge que sur la pierre et ne traverser que des champs de neige.

Lorsqu'on vient à considérer les lépidoptères diurnes, à la vue des riches dessins des ailes, des nuances vives, des couleurs étincelantes, une seule pensée s'empare de l'esprit. On ne se figure tant de beauté que pour répandre un grand charme sur la nature. Parés d'une façon merveilleuse, les papillons se montrent partout au grand jour comme pour exciter l'admiration; — les voyageurs les plus indifférents qui parcourent les contrées tropicales sont eux-mêmes éblouis par l'éclat de certaines espèces. Au premier abord, il est impossible de songer que des créatures si brillantes puissent être jamais dissimulées par la coloration, et pourtant il y en a des exemples. Au vol, les papillons diurnes étalent tous leurs ornements, mais au repos ils les cachent; les ailes, dressées contre le corps, ne présentent aux regards que la face inférieure, colorée d'ordinaire de teintes assez douces. Au printemps voltige dans les avenues de nos bois le joli papillon, de loin reconnaissable à une grande tache orange; de son nom vulgaire, c'est Y aurore. Posé sur les têtes des ombellifères, l'insecte, aux ailes blanches en dessous et persillées de vert, semble faire partie de la plante. Des lépidoptères de l'Amérique du Sud, qu'on cite parmi les plus élégants, ont la face inférieure des ailes brune avec des rayures et des taches plus sombres, — une véritable imitation d'écorce fendillée ; ils ne se tiennent que sur les troncs d'arbres. Des nymphales de l'Inde, des îles de la Sonde et des Moluques, ornées en dessus d'une large bande jaune orange sur un fond d'un bleu chatoyant magnifique, se voient à longue distance, si elles volent; au repos, aucune marque n'attire l'attention. En dessous, la teinte des ailes est la couleur de l'ocre ou d'une autre matière terreuse, et ces insectes, nous apprend M. Wallace, se posent sur les feuilles sèches, dont il est parfois difficile de les distinguer. Chez divers papillons des pays chauds, les ailes antérieures sont pointues, et, sous les tropiques, cette forme est précisément celle des feuilles d'un grand nombre d'arbres et d'arbrisseaux ; du côté apparent, lorsque l'insecte est immobile, une grosse ligne médiane et des lignes obliques plus grêles figurent des nervures, et les nuances complètent l'illusion.

De telles particularités attestent combien les êtres faibles et sans défense sont pourvus de moyens de soutenir la lutte pour la vie. Il est aisé de se convaincre que des espèces appartenant aux diverses classes du règne animal doivent au vêtement d'échapper à des ennemis et de pouvoir surprendre le gibier qu'elles attendent pour se nourrir. L'avantage d'une coloration qui se confond avec celle du sol ou de la végétation est de toute évidence, mais la cause première de cette uniformité reste obscure. M. Wallace veut croire qu'une semblable harmonie ne s'est réalisée qu'avec le temps. A l'origine, la chenille n'aurait donc pas été verte comme les feuilles, le mammifère, le reptile ou l'insecte du désert gris comme les sables. L'espèce animale se serait appropriée au milieu par une lente sélection. En vérité, l'explication est peu satisfaisante; elle est démentie par les faits. Les oiseaux ayant les teintes du feuillage, les insectes dont les téguments imitent l'écorce des arbres, ceux qui paraissent avoir emprunté la couleur du sol, ne varient pas d'une manière sensible; ils restent pareils à eux-mêmes dans toutes les circonstances. L'adaptation n'est pas également parfaite pour les individus de chaque espèce. Dans une région, l'animal a exactement la teinte qui le dissimule le mieux; dans une autre contrée, sa couleur, qui n'a pas changé, ne le protège pas au même degré. Si les êtres s'étaient appropriés aux milieux par un lent effort de la nature, l'harmonie complète existerait dans tous les cas, et nous verrions les individus d'une même espèce diversement colorés suivant les localités. Rien n'est moins ordinaire. L'idée de la sélection naturelle n'est pas plus féconde dans le monde réel que dans le monde imaginaire.

La protection donnée à l'animal par une couleur analogue à celle des objets qui l'environnent n'est pas générale. Des espèces de divers groupes dépourvues d'un pareil moyen de dissimulation ne sont pas néanmoins sans défense. Contrefaire le mort est un instinct qui sauve fréquemment l'être chétif. La faculté de mettre le corps en boule et de cacher les parties les plus vulnérables est bien connue pour le hérisson ; elle existe chez une multitude d'insectes. La possibilité d'émettre une odeur qui répugne à l'ennemi permet à une foule de créatures de vivre à peu près tranquilles. Parées de vives nuances, d'ordinaire réunies en masses sur des plantes basses, les punaises des bois et des champs ne peuvent guère manquer d'être vues des oiseaux insectivores; mais, si la jeune fauvette s'est laissé tenter, instruite par une désagréable expérience, elle cessera d'inquiéter les bêtes puantes. La plupart des punaises portent un sachet à odeur ; sous la menace du danger, elles ouvrent l'orifice, et chacun sait combien l'odeur est repoussante. Maintenant il y a les espèces incapables de se dissimuler et de se soustraire au péril; celles-ci trompent par une sorte de déguisement, elles ressemblent par l'aspect à des créatures mieux douées; c'est à elles que s'applique le mot de *mimicry*. Des lépidoptères ont donné lieu aux premières observations sur ce sujet.

Dans l'Amérique du Sud, au milieu des parties boisées, abondent les héliconies, de charmants papillons d'espèces infiniment variées. Tout est gracieux chez ces êtres ; le corps svelte, de grandes antennes, des ailes longues, délicates, quelquefois demi-transparentes, ornées de taches et de bandes rouges, jaunes, blanches sur un fond noir, bleu ou brun, offrent l'image d'une élégance parfaite. Les héliconies ont un vol faible et lent; faciles à prendre, leur riche parure, leur nombre considérable, appellent tous les regards, et cependant elles habitent les forêts où vivent les oiseaux qui comptent parmi les plus actifs chasseurs d'insectes. Des morceaux d'ailes de papillons de plusieurs genres déchirés par le bec des voraces insectivores se voient souvent sur la terre; jamais, disent MM. H. Bates et A. Wallace, on ne découvre le moindre fragment d'une héliconie. Le mystère a été dévoilé, les belles héliconies sont protégées à la façon des punaises; dès qu'on les touche, suinte par des pores une liqueur nauséabonde, et les doigts qui en ont reçu l'atteinte conservent l'odeur après plusieurs lavages ; les oiseaux n'ont que du dégoût pour ces papillons très jolis avoir, mais sans doute détestables à manger.

Dans un genre très nombreux de lépidoptères, le blanc domine; ce sont les piérides ou les papillons de chou, comme chacun les désigne. Longtemps on s'étonna de trouver des espèces américaines de ce groupe ayant des formes et des couleurs semblables à celles des héliconies au point de causer des méprises. Les piérides et les héliconies sont des représentants de deux familles très distinctes. Les premières ont toutes les pattes bien développées, elles sortent d'une chrysalide attachée par une ceinture; les héliconies, comme toutes les nymphalides, ont les pattes antérieures atrophiées : de la sorte l'insecte, posé sur une fleur ou sur une tige, paraît n'avoir que quatre pattes; la chrysalide est suspendue par l'extrémité du corps. Ainsi la confusion est impossible. Les piérides aux ailes longues et ornées de vives couleurs se mêlent avec les héliconies, elles volent aux mêmes lieux, l'allure ne diffère nullement, et chaque espèce est le sosie d'une héliconie particulière. On a maintenant l'explication du phénomène. La piéride est privée de la sécrétion qui garantit l'existence de l'héliconie; n'exhalant aucune odeur, elle est protégée par la ressemblance. Comme les individus de l'espèce sans défense sont peu nombreux en comparaison de ceux de l'espèce puante, cette circonstance nécessaire, ainsi que le remarque M. Wallace, ne permet guère aux oiseaux de tenter la fortune. Les piérides ne sont pas les seuls lépidoptères dont le costume et l'apparence générale offrent l'imitation des héliconies, l'avantage appartient aussi à quelques espèces de la famille des nymphales.

Dans les pays chauds, il est assez ordinaire de voir des papillons de certains types qui dominent par le nombre, et parmi eux des espèces d'un autre genre ou d'une autre famille qui présentent absolument les mêmes couleurs et le même aspect. Le phénomène n'est pas rare en Afrique, et M. Wallace en a observé beaucoup d'exemples dans l'Inde, à Java, à Sumatra, à Timor, à Ceram. En Europe, une conformité de coloration a été dès longtemps signalée entre des représentants de groupes fort différents. Dans nos campagnes volent au bord des sentiers et se posent sur les plantes basses les zygènes et l'euchélie du séneçon ayant également des ailes d'un vert bronzé, ornées de taches rouges comme le plus beau carmin. Dans nos bois, c'est une phalène toute blanche qui semble avoir besoin de se confondre avec un papillon de jour, une piéride. On doit croire que les espèces les plus communes ont un moyen de défense analogue à celui des héliconies, et que les autres en sont privées. Quelques expériences laissent peu de doute à cet égard ; des oiseaux et des lézards qu'on approvisionne d'insectes rejettent certaines espèces après les avoir goûtées. Parmi les lépidoptères, les représentants d'une famille affectent toute l'apparence des guêpes et des bourdons, ce sont les sésies. A la faveur de la ressemblance, ces êtres faibles, incapables d'opposer la moindre résistance, paraissent terribles.

Les divers ordres de la classe des insectes fournissent de curieux exemples d'imitation. Des charançons à longues antennes et des capricornes vivant dans les mêmes localités portent pareille livrée. Plusieurs capricornes, dont les élytres sont courtes, offrent une physionomie de guêpes. Des parasites qui s'introduisent dans les nids des hyménoptères trompent par les couleurs, par la villosité du corps, par les allures. Sous ce rapport, de grosses mouches qu'on nomme des *volucelles* sont au plus haut degré remarquables. Une espèce de ce genre va déposer ses œufs dans les nids des guêpes; elle a le corps lisse, luisant, d'un beau jaune avec des bandes noires; elle ressemble à une guêpe. Une autre espèce pénètre dans la demeure des bourdons; elle a un corps tout velu où le blanc, le jaune et le noir s'entremêlent comme chez un bourdon. Sans l'uniforme, l'existence des volucelles serait impossible, car les étrangers sont mal reçus dans le domicile des hyménoptères industrieux, toujours prêts à se servir du glaive.

Parmi les animaux vertébrés, cette sorte de déguisement dont les insectes offrent tant d'exemples se montre chez plusieurs espèces. En quelques parties de l'Amérique, il existe des serpents venimeux, des *elaps*, très élégamment colorés. Sur un fond rouge courent des bandes noires souvent divisées par deux ou trois anneaux jaunes. Aux mêmes lieux habitent des serpents inoffensifs dont la peau écailleuse, lisse et brillante présente une peinture toute semblable. A la vue de notre coucou d'Europe, chacun est frappé de l'analogie du plumage de l'oiseau sans défense avec celui du faucon et de l'épervier. Dans les îles Moluques vivent des oiseaux robustes et actifs qui se réunissent en grandes troupes; ils sont munis d'ongles aigus et d'un long bec tranchant. Comme s'ils avaient besoin d'une protection, de ternes loriots faiblement armés demeurent dans le voisinage, et, rapporte M. Wallace, le vêtement des uns se confond par les nuances avec celui des autres. Chez les mammifères, la protection due à la *mimicry* ou à l'imitation de l'apparence extérieure est un cas rare. Cependant des insectivores de l'archipel indien, les tupaïas, habiles à grimper sur les arbres, ont absolument la physionomie des écureuils; tout porte à l'illusion : la taille, la queue longue et touffue, les teintes du pelage. Ici, l'explorateur de la Malaisie note le dessein de la nature ; c'est le déguisement qui permet aux tupaïas de s'emparer aisément des insectes que n'inquiètent jamais les écureuils, avides de fruits.

Ainsi, dans des circonstances nombreuses, les signes caractéristiques les plus apparents de créatures capables de se défendre sont donnés à des êtres qui ont besoin de dissimuler soit la faiblesse, soit des appétits. Cette sorte d'emprunt est-elle donc l'indice de modifications lentement effectuées chez certaines espèces, la marque d'une sélection, comme M. Wallace se plaît à le supposer? Moins encore assurément que la conformité de la teinte entre beaucoup d'animaux et le sol, le feuillage ou l'écorce des arbres. Les espèces qui trompent sur leur qualité par des couleurs et un aspect appartenant à d'autres types sont loin d'être toujours associées à ces derniers ; elles ont parfois une distribution géographique très étendue. Si, par la fameuse sélection dont il est impossible de saisir la moindre trace, ces espèces avaient acquis d'une façon lente, après une multitude de générations, l'uniforme qui les préserve contre le danger, le costume d'emprunt n'aurait pas en tous lieux et chez tous les individus une égale perfection. Avec des conditions d'existence un peu différentes, l'imitation se montrerait plus ou moins complète. Il n'en est rien. D'ailleurs, si les piérides héliconiennes avaient eu à l'origine la couleur blanche de nos piérides, elles auraient sans doute été détruites avant d'être transformées. En l'absence d'une livrée qui trompe les guêpes et les bourdons, jamais la volucelle ne serait parvenue à déposer sa ponte dans les nids où ses larves trouvent une pâture indispensable. Au sujet de la *mimicry*, on a soupçonné que l'alimentation et les influences du milieu avaient amené les curieuses ressemblances qui nous frappent. Cette opinion est encore démentie par les faits. Des espèces très cosmopolites, assez indifférentes sur le régime, n'offrent pas, nous l'avons vu, de variations sensibles. Des insectes ou d'autres animaux habitent une localité; la même plante les nourrit, et ils n'ont entre eux aucun rapport ni dans les couleurs ni dans l'aspect. Chez beaucoup de lépidoptères, le mâle et la femelle présentent d'énormes différences dans la coloration; les chenilles parfaitement semblables rongent le même feuillage, les chrysalides sont pareilles; les papillons éclosent, et selon le sexe nuances et dessins des ailes ont un caractère particulier. Pourtant les conditions de la vie sont identiques.

M. Wallace a fait d'intéressantes remarques sur les nids des oiseaux, et c'est une nouvelle occasion d'affirmer son attachement à l'idée de la sélection naturelle. Comme tous les naturalistes, l'habile observateur se révolte contre l'opinion très répandue, mais insensée, que les animaux agissent par instinct, à la façon de simples machines. Les signes de la pénétration, du raisonnement, de l'intelligence éclatent en effet chez les créatures les mieux douées, particulièrement chez les êtres qui exécutent des travaux. Au sentiment trop général que les hommes apportent sans cesse des changements et des améliorations dans la construction de leurs demeures, M. Wallace oppose les cases des sauvages, certainement aussi invariables que les nids d'une espèce d'oiseau. Les tentes des Arabes sont aujourd'hui les mêmes qu'il y a deux ou trois mille ans. Les villages de l'Egypte bâtis avec de la boue ne semblent pas avoir gagné en perfection depuis l'époque des pharaons. Quel progrès a donc été réalisé, demande l'auteur, dans les huttes de feuilles de palmier chez les diverses tribus de l'Amérique du Sud et de l'archipel de la Malaisie depuis que ces régions sont habitées? L'abri de feuillage du Patagon et les terriers de quelques peuplades du sud de l'Afrique ne permettent pas de concevoir un état plus primitif. Près de nous, la cabane irlandaise faite de gazon et les amas de pierres des montagnes de l'Ecosse ne témoignent guère d'une amélioration sensible depuis une vingtaine de siècles. Ainsi parle M. Wallace sans s'apercevoir que chez une infinité de peuples la sélection naturelle n'accomplit pas de grands miracles. En rappelant combien est pauvre et stationnaire l'industrie humaine sur des parties considérables du globe, le naturaliste veut constater un fait essentiel. Personne, dira-t-il, ne juge que le sauvage édifiant sa hutte obéit à un pur instinct; il imite les constructions de ses proches et se sert des matériaux qu'il trouve à sa portée; ainsi se comporte l'oiseau. Le gentil roitelet, hôte des bois, se procure aisément de la mousse, et de mousse il construit son nid; lorsque la matière vient à manquer, il prend du foin et des plumes. Établie dans les champs cultivés, l'alouette emploie de l'herbe et souvent elle garnit le fond du nid avec des crins de cheval; attiré par la chair corrompue, le corbeau trouve à sa convenance le poil ou la laine des animaux morts qu'il rencontre. Les oiseaux des rochers, qui volontiers habitent les villes, se montrent habiles à user des objets les plus divers : morceaux de fil, brins de soie, fragments d'étoffes, sont utilisés avec intelligence. Nous avons vu au milieu des arbrisseaux d'un jardin de Paris les nids de la fauvette cousus avec du cordonnet rouge tombé des mains d'une brodeuse. Très fréquemment l'oiseau modifie sa construction ordinaire pour l'adapter le mieux possible à l'emplacement choisi; c'est ainsi que M. Pouchet put observer à Rouen des hirondelles bâtissant sur les nouveaux édifices de la ville des nids d'une forme qu'on ne voyait pas autrefois.

Suivant l'opinion passablement justifiée de M. Wallace, les jeunes oiseaux apprennent à construire; ils imitent l'œuvre des autres. En effet, les individus élevés en cage, largement approvisionnés de bons matériaux, n'exécutent qu'un ouvrage informe. Les jolies bêtes emplumées paraissent donc s'instruire dans le métier d'architecte, comme dans l'art du chant. On cite des linottes gazouillant à la manière des alouettes qu'elles avaient eues pour compagnes, plusieurs oiseaux témoignant d'une éducation reçue de maîtres d'une espèce différente. Il y a bien, il est vrai, quelque difficulté à voir les moineaux, les chardonnerets, les fauvettes allant à l'école pour apprendre à bâtir. On suppose soit la jeune femelle unie au vieux mâle, soit la vieille femelle appariée au jeune mâle, et l'individu ignorant formé par les leçons de l'individu expérimenté; des observateurs assurent que les nids des jeunes n'ont pas en général la perfection de ceux des sujets qui pratiquent depuis plusieurs années. C'est tout. Enfin M. Wallace se livre à une comparaison pleine d'intérêt; le résultat mérite d'être noté. La plupart des oiseaux dont le brillant plumage attire l'attention établissent leurs nids dans le creux des arbres ou dans d'autres endroits très cachés ; au contraire, pour couver, les espèces de couleurs sombres s'installent plus volontiers dans des situations où il est moins difficile de les découvrir. Contre les périls, la créature est servie par l'instinct. Ce monde des oiseaux est charmant sans doute; mais, lorsqu'on en l'apporte des merveilles dans le dessein de prouver que toutes les perfections doivent être attribuées à la sélection naturelle, la raison est confondue. Il est vraiment trop présomptueux et trop simple de vouloir expliquer d'un mot des phénomènes qu'on ne parvient point à comprendre.

III.

Le célèbre inventeur de la sélection naturelle procède toujours avec une rare habileté. Dans ses premiers ouvrages, la prudence, si l'on peut ainsi dire, masque l'audace. Il importe, en vue du succès, de ne pas trop effaroucher les consciences et surtout de ne pas froisser les puériles vanités de ce monde ; il est question de plantes et d'animaux, nullement de l'homme. Aussi le savant sera bien loué d'une réserve et d'une sagesse qui semblent indiquer, avec l'attachement à la science pure, la volonté de ne pas S'avancer sur un terrain brûlant. La réserve était feinte et la sagesse seulement apparente; le chemin suivi devait être en entier parcouru, ainsi l'exigeait la logique. D'ailleurs le coup que M. Darwin n'avait osé porter dès le début avait tenté les audacieux. Tout être, présumait l'auteur du livre sur *l'Origine des espèces*, descend d'un type inférieur. Sans doute, avaient acclamé des gens qui aiment à troubler les âmes impressionnables, cela est si vrai que les ancêtres de l'homme étaient des singes. L'effet a été prompt; blessées dans leur dignité, les personnes qui croient savoir comment le premier homme et la première femme ont été créés se sont fâchées. C'est tout ce que pouvaient souhaiter de mieux les malins inventeurs de l'origine du genre humain. M. Darwin ne voulut pas abandonner à d'autres la gloire de l'étonnante découverte ; il l'avait préparée, il a cherché à la consolider par sa doctrine. L'idée de la sélection naturelle avait eu un succès près de ceux qui préfèrent une poétique rêverie à l'observation patiente; l'enthousiasme allait se refroidir, le besoin de raviver l'intérêt était manifeste. Une pensée pleine de hardiesse avait fait fortune, il devenait utile de l'appuyer par une vue encore plus hardie. On avait juré par la sélection; on s'était écrié : Malheur aux faibles selon la loi de la nature. Seuls les individus les mieux doués doivent vivre et engendrer. Maintenant on dira : Malheur aux mâles les moins brillants; les femelles ont la passion de la beauté, la sélection sexuelle nous a valu la musique du grillon et le chant du rossignol, les ravissantes peintures de l'aile de certains papillons et le splendide plumage des mâles de beaucoup d'espèces d'oiseaux. Nous n'aurons qu'à suivre l'auteur pour assister au spectacle de la prétendue naissance des plus jolis agréments que les créatures possèdent en ce monde.

Poussé par la volonté de conclure que l'homme a pour ancêtre un singe de catégorie inférieure, M.

Darwin s'engage dans de longues dissertations sur l'anatomie; en cette affaire, il montre qu'il a beaucoup de lecture, mais nulle expérience personnelle. Il insiste sur les rapports de conformation de l'homme avec les mammifères en général, et multiplié les citations sans dédaigner les anecdotes indifféremment puisées à toutes les sources. Rien de plus facile. Depuis le commencement du siècle, les anatomistes se sont préoccupés d'une manière incessante des affinités qui existent entre les êtres; les relations des différents types mises en pleine lumière, l'unité d'un plan fondamental pour tous les animaux vertébrés, pour tous les animaux articulés, a été démontrée d'une façon irrécusable. Le résultat est un des triomphes de la science, mais on ne saurait en faire ressortir la grandeur sans se reporter un instant aux idées primitives et sans rappeler les efforts, les vues élevées, la pénétration, les succès enfin de nombreux investigateurs. La certitude étant acquise que l'homme et tous les animaux vertébrés sont construits d'après le même plan, c'est avec sûreté qu'on précise les différences dans les formes, dans le développement, dans les appropriations et le rôle des organes. Les comparaisons apprennent que chaque type, que chaque espèce, se rapprochant des autres types, des autres espèces par des traits généraux, s'en éloignent plus ou moins par des caractères particuliers. Dominé par l'esprit de système, M. Darwin envisage un seul côté de la question. Il s'applique à signaler des ressemblances frappantes entre l'organisme de l'homme et celui des grands singes, énonce après la foule des observateurs des vérités indiscutables, et, suivant un procédé qui n'est pas scientifique, il néglige de considérer les particularités établissant une démarcation nette et profonde entre des créatures qui ne jouissent pas des mêmes aptitudes.

Chez les êtres, plus avance le développement, plus se perfectionne l'organisme, et plus les signes caractéristiques se prononcent. Des types séparés les uns des autres par des traits fortement accusés semblent unis par des rapports extrêmement étroits lorsqu'ils sont dans la période embryonnaire. Au point de départ, parmi les représentants d'une grande division zoologique tout paraît identique ; mais chez les animaux vertébrés ne tardent pas à se manifester les caractères qui désignent le sujet comme un poisson, un oiseau ou un mammifère, et bien jeune encore est l'embryon que déjà se dessinent les particularités de la famille et du genre. Il suffit à M. Darwin, pour le besoin de sa thèse, d'affirmer que l'embryon humain diffère peu de celui d'un autre mammifère. Du moment qu'il est avéré que tous les animaux d'une classe sont conformés d'après le même plan, la présence d'organes rudimentaires s'explique. Des parties ayant soit une fonction plus ou moins considérable chez certains types, soit un caractère de généralité parmi les représentants du groupe, ne disparaissent pas chez les espèces où elles sont devenues inutiles; elles existent encore à l'état de vestiges. Ce sont des témoins du rôle important que ces parties remplissent ailleurs. Ainsi d'organes essentiels dans un sexe, qui dans l'autre sexe ne sont d'aucun service, comme les mamelles. M. Darwin se préoccupe des parties rudimentaires, et toujours il s'écrie : sélection, ensuite l'hérédité. En présence de chaque phénomène, de chaque particularité, redire le mot sélection est pour l'auteur de dessein arrêté. Naïfs, ceux qui s'imaginent que la science doit en tirer profit ! Parfois un organe est ordinaire pour les représentants d'une grande division zoologique, et néanmoins chez quelques espèces on n'en découvre pas la moindre trace; examinons ces espèces dans l'état embryonnaire, à ce moment l'organe est manifeste; mais il subira une atrophie complète pendant la marche du développement. Lorsqu'il s'agit de mollusques, tout le monde pense à l'animal traînant une coquille; il y a pourtant des mollusques sans coquille, par exemple les doris et les éolides, délicieuses créatures du monde de la mer. La doris et l'éolide, pendant la période embryonnaire, ont une coquille; c'est une apparition dont bientôt on ne verra plus la trace. Un des traits remarquables de l'organisation des mollusques ne fait donc pas absolument défaut chez l'espèce où il s'efface; il vient pour un instant révéler la parenté zoologique de l'animal. Que l'on attribue le caractère transitoire de la coquille de l'éolide à la sélection naturelle, cela dépasse les bornes de la fantaisie.

Après avoir vu, comme il le dit avec une plaisante ingénuité, que l'homme témoigne par la structure du corps de sa descendance d'une forme inférieure, M. Darwin examine et compare les facultés intellectuelles de l'homme et des animaux. Philosophes et naturalistes, penseurs et investigateurs de tout ordre doivent se complaire dans cette étude pleine d'intérêt; elle charme l'esprit, elle inspire des vues générales, elle apporte à la psychologie des éléments indispensables. L'homme et les animaux possèdent les mêmes sens, et seul le degré de perfection diffère; c'est assez pour rendre certaine l'analogie d'une foule d'impressions. La crainte, la joie, le plaisir, se manifestent chez une infinité de créatures. La mémoire d'un mammifère ou d'un oiseau est souvent remarquable au point d'étonner, l'affection d'un animal pour son semblable ou pour des personnes assez forte pour être touchante. Les exemples de curiosité ne sont pas rares; la propension à l'imitation est proverbiale pour les singes et les perroquets. L'aptitude à recevoir une éducation est très frappante chez beaucoup de mammifères et d'oiseaux; à cet égard, le chien émerveille son maître, le singe captif mange la soupe avec une cuiller et casse les noix avec une pierre. Le sentiment maternel est poussé jusqu'à l'extrême violence parmi les êtres habiles à soigner leur progéniture. Le discernement éclate chez la bête qui construit un nid; l'oiseau et l'insecte choisissent l'endroit le plus propice, démêlent les matériaux convenables au milieu d'objets inutiles, parent aux accidents qui surviennent, veillent au danger, et parfois profitant d'une occasion heureuse, comme la rencontre, d'un nid abandonné, ils raccommodent le vieil édifice; la fatigue d'un long travail sera épargnée. De nombreux observateurs ont noté de la part des animaux des actes qui attestent l'intelligence; dans plusieurs de nos ouvrages, nous avons sur ce sujet rapporté des faits saisissants, et M. Darwin a pris la peine de recueillir une série d'anecdotes.

Les facultés de l'ordre intellectuel, étant de même essence chez l'homme et les animaux, indiquent-elles donc une communauté d'origine? Assurément pas plus que les ressemblances de l'organisme. Avec le caractère d'unité générale que présentent les phénomènes, — celui de la vie dominant tous les autres, — la diversité est bien de ce monde.

Chaque type, chaque espèce a dans ses aptitudes, comme dans son organisation, des particularités ineffaçables qui se transmettent de génération en génération. Un moment, vaincu par l'évidence. M. Darwin écrit au sujet des facultés intellectuelles de l'homme et des animaux : «Sans doute, à cet égard, la différence est énorme, même si nous comparons l'un des sauvages le plus dégradés, qui n'a pas de mots pour exprimer un nombre supérieur à quatre, et qui n'emploie aucun terme abstrait pour les objets et les affections les plus ordinaires, avec le singe le mieux organisé. » La comparaison très parfaite de plusieurs animaux d'espèces bien distinctes conduit inévitablement à une conclusion analogue ; même si les rapports sont nombreux, la différence demeure évidente en quelques points. Qu'importe à l'auteur la réalité? Son idée fixe l'empêche de tenir compte des faits qui frappent tous les yeux. Après avoir passé en revue les modifications persistantes ou accidentelles qu'on observe parmi les hommes, rappelé les conditions d'existence des peuples civilisés ou barbares et tout attribué à la sélection, il écrira : « En admettant que la différence entre l'homme et ses proches alliés soit dans la structure du corps aussi considérable que l'affirment plusieurs naturalistes, et en accordant que la différence entre eux est immense sous le rapport des facultés intellectuelles, néanmoins les faits dont il a été question me paraissent montrer de la manière la plus satisfaisante que l'homme est descendu d'une forme inférieure, bien que jusqu'ici on n'ait pas découvert d'intermédiaires. » Ce dernier trait est un détail dont il ne convient pas au savant anglais de s'embarrasser. Un jour, une erreur incroyable, maintenant partout signalée, est commise par un observateur. Il s'agit de mollusques inférieurs, des ascidies, les *outres de mer*, comme les pêcheurs les nomment. On avait cru reconnaître chez les larves de ces ascidies un mode de développement analogue à celui des animaux vertébrés. Pour M. Darwin, cela doit être vrai : il s'écrie que c'est une découverte d'un intérêt extraordinaire; à présent il ne doute plus de l'origine de l'homme.

Qu'on entende donc les paroles mêmes du trop ingénieux naturaliste : « Les premiers ancêtres des vertébrés, dit-il, dont nous pouvons nous faire une image obscure, étaient apparemment d'un groupe d'animaux marins ressemblant aux larves des ascidies actuelles. Ces animaux furent probablement la souche de poissons d'une organisation inférieure, et de ceux-ci doivent s'être formés les autres poissons. Ensuite un très petit progrès nous conduit aux amphibies. Nous avons vu que les poissons et les reptiles se rapprochaient par des liens intimes, et les monotrêmes, à un faible degré, unissent les mammifères aux reptiles. Personne ne peut dire maintenant par quelle succession les mammifères, les oiseaux et les reptiles dérivent de l'une ou de l'autre des deux classes de vertébrés inférieurs, savoir les amphibies et les poissons. Dans la classe des mammifères, il n'est pas difficile de concevoir les échelons qui mènent des anciens monotrêmes aux anciens marsupiaux, et de ceux-ci aux mammifères ordinaires. Nous arrivons de la sorte aux makis, et l'intervalle n'est pas large entre eux et les simiens. Les simiens alors se sont partagés en deux grandes branches, les singes du Nouveau-Monde et ceux de l'ancien monde; de la dernière branche, à une époque reculée est sorti l'homme, la merveille et la gloire de l'univers. » Voilà les belles idées qu'on donne comme le flambeau de la science moderne ! La vieille cosmogonie de quelque peuple de l'Asie ne pourrait guère sembler plus étrange que cette conception; peut-être serait-elle présentée dans une forme plus poétique.

Dans le livre sur *l'Origine des espèces*, la sélection sexuelle est seulement indiquée; dans l'ouvrage sur *la Descendance de l'homme*, c'est un tableau de vaste proportion. Chez une infinité d'animaux, les individus des deux sexes ne se distinguent par aucun signe extérieur; mais souvent aussi parmi les insectes, les oiseaux, les mammifères, il existe entre les mâles et les femelles des différences très notables. Parfois les mâles sont pourvus de moyens de préhension, d'instruments de musique ou de combat qui manquent aux femelles; sur ces dernières, ils possèdent en général l'avantage de la beauté. On a déjà compris que, suivant l'opinion d'un partisan de l'évolution perpétuelle, c'est autant de gagné par la sélection. La lutte des mâles pour la possession d'une compagne, et les choix convenables qu'on juge habituels de la part des femelles, seraient l'origine des perfections qu'on admire chez le coq et le faisan, chez le papillon et la cigale. Pensons à ces prodiges de la sélection sexuelle.

M. Darwin n'aperçoit point la nature d'une différence souvent facile à constater entre les individus des deux sexes ; un point essentiel qu'il importe d'envisager. Dans une foule d'espèces, le développement est à peu près le même pour le mâle et la femelle ; mais aussi, dans un grand nombre d'animaux, il y a sous ce rapport une inégalité plus ou moins considérable. La femelle se trouve arrêtée dans son développement plutôt que le mâle; elle demeure alors dans un état d'infériorité sensible, quelquefois énorme. Le fait s'offre à tous les yeux avec un singulier caractère d'évidence chez les lampyres si connus sous le nom de *vers luisants*, et chez certains bombyx. Tandis que les mâles sont en possession de tous les avantages ordinaires, les femelles, privées d'ailes, ressemblent encore à des larves.

La comparaison du lion et de la lionne, du cerf et de la biche, du coq et de la poule, donne bien l'idée d'un développement plus complet et d'une véritable supériorité chez le mâle. Jusqu'à un certain moment de la vie, les individus des deux sexes demeurent pareils. Pour devenir adultes, les uns avancent un peu plus que les autres. Par une exception limitée à quelques groupes de la classe des insectes, chez les hyménoptères industrieux, ce sont les femelles qui l'emportent sur les mâles; elles ont en propre des signes de perfection organique. Nous ne pensons pas qu'avec la sélection sexuelle on explique d'une manière satisfaisante l'inégalité de développement des mâles et des femelles.

Tout naturaliste est très persuadé que les animaux les plus élevés par l'organisation éprouvent le charme d'attraits physiques, et que le sentiment intervient à divers degrés dans les relations des individus des deux sexes; ne suffit-il pas de voir à l'époque des amours les gentillesses, les agaceries, les coquetteries de nos petits oiseaux? Ce n'est pas assez pour M. Darwin de reconnaître parmi les animaux les mieux doués des appétits, des désirs, des impressions, de l'essence de ceux qui se manifestent dans les sociétés humaines, il finit par admettre de la part de mammifères, d'oiseaux, même d'insectes, des raffinements de bon goût, des délicatesses, des volontés de résistance qui ne furent jamais dans la nature. A telle pensée, on opposerait volontiers l'opinion populaire que le garçon le plus déshérité, comme la plus laide fille, trouve toujours à contracter alliance. M. Darwin est d'avis que, parmi les insectes et les mammifères, les femelles font des choix parfaits, en un mot qu'elles pratiquent la sélection. Certes de pareilles vues n'ont pas été inspirées par l'observation : les mâles provoquent, l'attaque est dans leur rôle; sans s'inquiéter s'ils peuvent plus ou moins plaire, ils agissent souvent avec une certaine brutalité qui n'excite aucune plainte parmi les hôtes des forêts. D'ailleurs en général les femelles font bon accueil au premier venu; les unes accourent à son appel, les autres, moins empressées, se laissent vaincre; pour la plupart des unions, le hasard décide, et les rapprochements que déterminent les goûts et les sentiments se produisent dans une mesure bien restreinte.

Sans souci des phénomènes de développement, M. Darwin se figure à l'origine les individus des deux sexes identiques chez toutes les espèces animales. Parfois, suppose-t-il, une légère variation est survenue chez un mâle, et cette variation était soit une beauté nouvelle, soit un avantage d'un autre genre. L'individu favorisé a été particulièrement recherché, il a transmis ses avantages à une postérité ; la beauté du père s'est trouvée plus grande chez quelques-uns des fils, et ceux-ci sont devenus des objets de sélection. Après des milliers de générations, le profit de semblables variations sans cesse accumulées était énorme; les papillons mâles étaient devenus magnifiques, les oiseaux mâles superbes et pleins de vaillance. N'est-ce pas un joli roman ?

C'est avec un bonheur qui n'est pas dissimulé que M. Darwin nous entretient des galanteries des papillons et des succès des vainqueurs. Il y a pourtant une ombre dans ce gracieux tableau; d'après l'assertion de plusieurs observateurs, des femelles de bombyx ne témoignent jamais de préférence, — il convient de passer légèrement sur cette remarque. Les cigales chantent, les grillons et les sauterelles exécutent une sorte de musique; selon notre auteur, les instruments se sont façonnés et perfectionnés d'âge en âge; les talents ont été acquis de la même manière. Les premières cigales ne durent émettre que des sons presque imperceptibles; elles auraient donc beaucoup gagné, car les habitants des contrées méridionales savent combien elles sont assourdissantes.

La différence du plumage entre les individus des deux sexes chez bon nombre d'oiseaux est connue de tout le monde. Les grandes beautés des coqs, des faisans, des paons, des canards, sont l'apanage des mâles. M. Darwin veut croire que les premiers ancêtres de ces oiseaux avaient des couleurs ternes. Comme par accident, des femelles ont quelques plumes plus brillantes qu'à l'ordinaire, de même que certaines femmes affectent des traits un peu masculins. M. Darwin voit dans ce fait le signe de la sélection sexuelle. Le premier faisan mâle qui s'est distingué n'eut aussi que de petites marques lustrées, mais cet avantage a procuré à l'oiseau toutes les bonnes grâces des femelles; il a été plus aimé que les autres. Un auteur engagé dans une telle voie ne s'arrête pas, et déjà sans doute on a compris que l'homme lui-même, d'après l'avis du savant anglais, a dû se perfectionner par la sélection sexuelle.

La taille de l'homme supérieure à celle de la femme, le courage, l'énergie, seront déclarés acquis dans les temps primitifs et toujours augmentés par les rivalités pour la possession d'une compagne; ce qui est plus fort, la barbe aurait poussé au singe mâle supposé notre premier ancêtre pour le charme de l'autre sexe, et transmise ensuite à l'homme par voie d'hérédité. De pareilles réserves sont-elles du domaine de la science? Nous ne pouvons l'admettre. Si la sélection sexuelle n'est pas absolument un vain mot, elle s'exerce d'une façon tout opposée à celle qu'on indique. Nous avons rapporté autrefois une curieuse observation à l'égard des pigeons de volière, les gros mâles recherchaient les petites femelles, les grosses femelles les petits mâles. M. Darwin, qui pratique la sélection pour son compte personnel, se garde de mentionner le fait. Nous savons, dans les sociétés, que la dissemblance des individus des deux sexes devient souvent un attrait puissant. Lorsque les choix sont libres, ils contribuent à maintenir les caractères et les proportions ordinaires de l'espèce. Il nous reste maintenant à examiner les résultats de l'hybridité, le mode d'évolution des êtres, et enfin les changements survenus depuis l'apparition de la vie sur le globe.

Chapitre III.
Les conditions de séjour, l'hybridité, l'évolution des êtres, le monde ancien.

I

Dans l'entreprise difficile d'une reconnaissance de la nature à son origine, c'est fini des mots heureux, des formules qui trompent l'ignorance, des explications aventureuses qui obscurcissent la vérité. On a parlé de la variation sans limites, de la lutte pour l'existence, de la sélection naturelle et de la sélection sexuelle, aucune lumière n'a jailli ; beaucoup d'esprits ont été jetés dans l'erreur. Il est temps de considérer simplement les faits acquis à la science par une observation constante et par une longue expérience. Examiner les conditions de la vie des espèces végétales et animales, envisager les résultats d'unions entre des individus d'espèces différentes, suivre l'évolution des êtres, comparer les flores et les faunes anciennes aux flores et aux faunes de l'époque actuelle, c'est l'œuvre nécessaire et indispensable pour entrevoir l'état du monde pendant les âges successifs.

Les défenseurs de l'idée de la variation indéfinie supposent que les êtres se transforment en changeant de milieu : une pure illusion. Des exemples l'ont montré; indifférente au climat et alors très cosmopolite, l'espèce n'est affectée d'une manière sensible ni par les conditions atmosphériques, ni par la communauté d'existence avec les êtres les plus divers, où elle n'est modifiée que sous le rapport de la taille et de la couleur.

M. Alphonse de Candolle suit la propagation du mouron des champs à travers l'Europe, en Afrique, sur le continent asiatique, aux États-Unis, au Mexique, au Brésil ; entre la plante cueillie près des chemins du cap de Bonne-Espérance et celle qui pousse au voisinage du Léman, il ne découvre aucune différence essentielle. Le séneçon commun en Europe et en Amérique, notre liseron des champs en Suède, en Egypte et à la Chine, conservent la même physionomie. Rares néanmoins sont les plantes et les animaux qui peuvent défier également le froid vif et la chaleur extrême, la sécheresse et l'humidité. Transportée loin de sa patrie, l'espèce animale comme l'espèce végétale languit et meurt; si elle vit, elle cesse de se propager d'une façon naturelle. De nos jours, l'expérience porte sur des milliers d'espèces. Personne ne l'ignore; la culture possible de la vigne, de l'olivier, de l'oranger, du froment, a des limites infranchissables. Au milieu des Alpes, le touriste le moins observateur, en s'élevant sur la montagne, demeure frappé de la différence entre la végétation de la zone supérieure, de la zone moyenne et de la région inférieure. La primevère, l'œillet, la violette, qui se plaisent près des champs de neige et des glaces éternelles, ne supportent point la température favorable à l'aconit et à l'ancolie. Les graines par le vent emportées dans le creux des vallons qu'échauffe le soleil ne donnent jamais naissance à des plantes modifiées ; elles ne se développent en aucune façon. Le renne, amené dans un pays où les chaleurs de l'été se font un peu sentir, ne tarde pas à succomber; l'ours polaire résiste mal aux ardeurs du soleil; la truite, qui recherche les eaux limpides, est asphyxiée dans l'étang bourbeux où vit l'anguille.

Pour la foule des végétaux et des animaux, le besoin impérieux de stations particulières, indépendantes du climat, est manifeste. L'étrange orchidée qui semble se cacher sous les hautes futaies ne vient pas sur la terre nue; les herbes dont on tire de la soude ne quittent pas les bords de la mer. Le chêne et le sapin peuvent-ils donc prospérer dans la prairie humide, ou le peuplier sur la montagne sèche et pierreuse? Si avec lenteur et par des transitions insensibles la plante s'accommodait du sol où ses graines se trouvent répandues, ne verrions-nous pas les saules et les osiers peu à peu éloignés des rives du fleuve, végétant bien loin des eaux, et par une gradation continue offrant à tous les regards de notables modifications?

Le jour où l'on détruit une forêt périssent en foule des plantes et des animaux; sur le terrain découvert, l'existence est impossible pour les créatures qui recherchent la fraîcheur et l'ombrage. Lorsqu'on dessèche des marais, une végétation particulière est anéantie; insectes et mollusques qui ont besoin de la terre mouillée disparaissent. Certaines espèces phytophages se repaissent d'une manière assez indifférente de plusieurs sortes de plantes; elles ne se modifient en aucune façon, si elles changent de régime. Beaucoup d'autres au contraire se montrent tout à fait exclusives dans le choix de la nourriture; faute du végétal qu'elles recherchent comme aliment, elles se laissent mourir de faim au milieu d'une abondance de plantes variées. Chacun constate que les végétaux étrangers qu'on cultive dans les parcs et les jardins de l'Europe échappent à la voracité de nos insectes indigènes. En présence de ces faits si concluants, on s'étonne de voir avec quelle légèreté les défenseurs de l'idée de l'évolution perpétuelle déclarent les êtres capables de se plier aux circonstances et de s'adapter à de nouveaux milieux. Que l'on songe aux pucerons, aux kermès, aux cochenilles, qui s'établissent sur une tige ou sur une feuille pour ne jamais la quitter. Mieux encore que pour d'autres insectes, ici la vie de chaque espèce est liée à celle d'une espèce particulière de végétal ou à quelques espèces du même groupe botanique. On pourra transporter le puceron du rosier sur le pêcher, celui du fusain sur le rosier, celui du sureau sur l'un ou l'autre de ces arbustes, le kermès du laurier-rose sur une plante différente, le sort des petites bêtes sera le même : la mort dans l'espace de quelques heures ou de peu de jours. Tout animal est exposé à devenir la proie d'affreux parasites; aucun mammifère, aucun oiseau n'est épargné; l'homme n'échappe à une semblable humiliation que par un soin perpétuel. La vermine règne chez les peuples qui n'ont pas souci de la propreté. Chaque espèce, en un mot, a ses parasites qui ne sont pas ceux d'une autre espèce; la loi est très générale. Jamais on ne vit le parasite de l'homme sur le singe, celui du sanglier sur le cerf, celui de l'aigle ou du faucon sur les colombes ou les canards.

Dans la mare où la végétation prospère, dans l'eau altérée par des débris organiques en décomposition, pullulent les animalcules microscopiques que l'on nomme les infusoires. Selon que l'eau est claire ou croupissante, selon la nature de la matière que contient le liquide, les espèces d'infusoires ne sont pas les mêmes. Disséminés par l'air, les germes tombent au hasard, le milieu réalisant des conditions spéciales est nécessaire pour leur développement. A ce sujet, les expériences sont nombreuses, elles ne laissent nulle place soit au doute, soit à l'hypothèse. L'eau des mers a le degré de salure qui convient à la plupart des êtres marins ; sur les points où l'eau douce est versée en abondance, la vie est en grande partie éteinte. Très peu d'espèces végétales et animales s'accommodent des eaux saumâtres. Sur les côtes de l'Océan et de la Méditerranée, c'est merveille de voir en quelle profusion s'agitent des créatures de toute sorte; la vie se manifeste sous les formes les plus variées, avec une richesse dont on n'a guère d'exemples sur les terres. Dans la Mer-Noire et la Baltique, qui reçoivent d'énormes quantités d'eau douce, la salure se trouve affaiblie, c'est presque le désert; la faune est d'une extrême pauvreté. D'après cela, on juge de l'effet sur le plus grand nombre des êtres d'un changement dans les conditions d'existence.

A toutes les époques sans doute, la pensée humaine s'est arrêtée sur les vers intestinaux; une sorte de répugnance, une véritable surprise, étaient excitées par ces êtres qui habitent les profondeurs de l'économie d'autres êtres. Dès l'instant que les phénomènes de la nature commencent à devenir l'objet d'investigations sérieuses, on médite sur le genre de vie et sur la naissance des vers parasites. Rien encore ne permet d'expliquer l'introduction des vers dans l'organisme; pour la satisfaction de la vanité, un mot qui dissimule l'ignorance est prononcé; on répète : génération spontanée, lorsqu'il s'agit d'animaux dont la puissance de reproduction est inouïe. L'œuvre scientifique se poursuit; on constate que chaque espèce de parasite est propre à une espèce particulière ou de mammifère, ou d'oiseau, ou de poisson, et les zoologistes en déterminent les caractères extérieurs. Scruter l'organisation de créatures aussi étranges devient le désir de plus d'un investigateur; longtemps les tentatives des anatomistes ne donnent que de pauvres résultats : on se persuade alors que les vers parasites ont une structure des plus simples. Quelques observations très imparfaites sur le développement et le mode de propagation de ces animaux procurent les premières notions de faits extraordinaires. Enfin l'état général de la science invite à un grand effort ; l'organisation des créatures qui comptent parmi les plus étranges est reconnue, les ressemblances avec les espèces libres exactement appréciées. Des vers toujours dépourvus d'organes de génération se logent dans les muscles ou sur les viscères; les naturalistes les regardaient comme des êtres particuliers, et demeuraient bien en peine quand ils cherchaient à se figurer la naissance de pareilles créatures. On démontra que les vers incapables de se reproduire représentent simplement un état de la vie des ténias; des expériences devaient bientôt fournir de curieuses révélations.

Il y a moins d'un quart de siècle, en présence des ténias, des douves, des ascarides, qui habitent le corps des mammifères, des oiseaux, des poissons, il était constaté que chaque espèce de ver est propre le plus souvent à une seule espèce de vertébré ou à quelques espèces du même genre, mais une présomption pouvait troubler l'esprit. Si l'on supposait que les ténias de l'homme, du chien, du chat, de l'écureuil ont la même origine, et ne sont différenciés que par l'influence du milieu, l'opinion contraire ne trouvait à s'appuyer que sur des analogies. Depuis cette époque, la science a fait un grand pas; les observations et les expériences sur les vers intestinaux ont apporté une preuve éclatante de la fixité des espèces. Les phases de la vie et le développement d'un ténia donnent l'exemple de l'un des plus surprenants phénomènes de la nature. L'animal habite successivement le corps de deux êtres fort différents. Le ténia, ou, suivant l'expression vulgaire et très impropre, le ver solitaire vivant dans l'intestin de l'homme porte un nombre d'œufs incalculable; chaque anneau contient un ovaire abondamment garni. Les derniers anneaux du ver se détachent et sont entraînés au dehors; c'est le mode de propagation du désagréable parasite. En aucun cas, l'œuf du ténia ne se développe dans le corps humain, — il doit être avalé par un porc. Dans l'estomac du pachyderme, le petit ver éclôt; sa tête est garnie de crochets; il perfore les tissus et va s'établir entre les couches musculaires chargées de graisse. Un kyste se constitue et le ver demeure emprisonné dans sa loge ; il grossit sans dépasser des proportions assez médiocres. Son corps terminé par une sorte d'ampoule ou de vésicule ne présente que peu d'annulations; c'est le *cysticerque*, qui n'acquiert point d'organes de reproduction. Incapable de sortir de sa retraite, le cysticerque y vivra sans changement, et, comme tout en ce monde, finira par périr dans l'endroit où il s'est fixé. Vienne le jour où le porc est sacrifié, puis livré à la consommation, le cysticerque est introduit dans l'estomac d'un l'homme. Une existence nouvelle commence pour le ver; parvenu dans l'estomac, il s'accroche contre la paroi à l'aide de l'armature qui couronne sa tête; la vésicule éclate et disparaît. Le jeune animal grandit rapidement, les anneaux se multiplient, sur les plus développés apparaissent les organes reproducteurs, un ténia est en pleine jouissance de la vie. Le même être est donc pendant la première phase de son existence le cysticerque du porc, pendant la seconde le ténia de l'homme.

Le phénomène peut sembler extraordinaire, mais la réalité en est mise hors de toute contestation imaginable par des expériences concluantes. Lorsque les cysticerques sont nombreux, ils déterminent chez les porcs l'affection connue sous le nom de ladrerie; partout où l'on débite la chair de ces animaux malades, le ténia abonde bientôt dans la population. En Allemagne, un habile investigateur, M. Küchenmeister, obtint l'autorisation de faire sur un condamné à mort une épreuve décisive. Des cysticerques de diverses espèces et surtout des cysticerques du porc furent introduits dans les aliments quatre jours avant l'exécution. Lorsque le naturaliste examina les intestins du supplicié, les cysticerques du porc seuls vivaient; déjà ils avaient pris tous les caractères du ténia de l'homme. M. van Beneden, l'éminent professeur de l'université de Louvain, et beaucoup d'autres zoologistes, firent avaler des œufs du ténia de l'homme à des porcs, la plupart de ces animaux ne tardèrent pas à se montrer atteints de ladrerie. Des chiens, des chats, des lapins, des moutons, purent ingérer des mêmes œufs tout à fait impunément; gorgés de cysticerques du porc, ils n'en conservèrent aucune trace.

Le chien héberge deux sortes de ténias ; on ignore encore le premier gisement de l'un de ces vers, on connaît parfaitement celui de l'autre. Sur les viscères du lapin se voient très fréquemment de petits globes semi-diaphanes; ce sont des kystes. Chacun renferme un cysticerque qui deviendra ténia, s'il passe dans le canal digestif d'un chien. Ici, pour s'assurer du fait, l'expérience était facile; cent fois elle a été renouvelée. Le chat avale sans inconvénient les cysticerques du lapin; il a un ténia, et celui-ci est d'abord le cysticerque clés rats et des souris.

Nos poissons blancs : ablettes, gardons et rotengles, ont souvent dans la cavité abdominale des vers connus sous le nom de ligules. De même que les cysticerques des mammifères, les ligules des poissons sont des êtres imparfaits, toujours stériles; mais le poisson sera peut-être mangé par un canard, c'est l'accident heureux pour la ligule. Dans l'intestin de l'oiseau, elle acquiert promptement les perfections qui lui manquaient.

Des vers appartenant au même ordre que les ténias se rencontrent logés dans des kystes chez des poissons osseux; c'est aussi d'une circonstance propice que dépend la fin de l'évolution de ces êtres. Si le poisson est mangé par une raie, dans l'intestin du nouvel hôte il achève un développement qui demeurait arrêté dans le premier séjour. Les vers parasites composant l'ordre des trématodes ont une évolution encore plus extraordinaire que les précédons, et cette évolution ne s'accomplit ni avec moins de régularité, ni dans des conditions moins strictement déterminées. Parmi les trématodes, les espèces du genre distome sont les plus nombreuses, et quelques-unes d'entre elles ont été fort étudiées par les zoologistes. M. van Beneden a très habilement observé les métamorphoses et les transmigrations de ces singuliers animaux. Adultes, les distomes, selon les espèces, sont hébergés par des mammifères, des oiseaux, des reptiles, des batraciens, des poissons; en général, ils habitent le canal intestinal, quelquefois les poumons. De l'œuf du distome nait une larve couverte de cils, elle nage. Une métamorphose s'effectue; maintenant fixée dans les tissus d'un mollusque tel qu'un limnée ou une paludine, la larve grossit, devient un ver immobile, se nourrissant pour les besoins du développement d'une progéniture. A un moment, l'animal affecte l'apparence d'un sac rempli d'embryons. Les jeunes sujets pourvus d'une nageoire caudale s'échappent; ce sont, suivant le terme consacré, des cercaires. Un instant libre dans l'eau, la cercaire ne tarde pas à s'établir sur une larve d'insecte, un mollusque ou un poisson ; n'ayant plus l'usage d'un instrument de natation, elle perd son appendice caudal et s'enferme comme dans une prison. Elle deviendra distome parfait le jour où, l'animal qui l'héberge étant mangé, elle se trouvera introduite dans le corps de l'espèce appelée à être sa dernière demeure; elle périra, si le sort l'entraîne ailleurs.

Le spectacle offert par la vie des vers parasites n'est-il pas un grand enseignement dans le débat sur la fixité ou la variabilité des espèces? Une série de hasards propices est nécessaire pour que l'évolution de l'être s'accomplisse. Les chances d'accidents sont prodigieuses, mais la fécondité est extraordinaire; comme le dit très justement M. van Beneden, de 100,000 œufs un seul individu peut-être parvient au terme de son évolution. Pour le ténia, la première phase de son développement s'effectue chez un herbivore particulier, la seconde dans l'intestin d'un carnassier d'espèce déterminée. Pour le trématode, le phénomène est plus complexe; tour à tour larve libre, larve fixée et féconde, larve libre et immobilisée, le distome n'arrive à l'état adulte qu'après une suite de transmigrations. Dans tous les cas, l'espèce reste invariable. En général, les vers parasites ne trouvent l'existence possible que dans le corps de tel ou tel animal : quelques-uns s'accommodent d'animaux de plusieurs genres; de la diversité de séjour ne résulte pas le moindre changement dans les caractères extérieurs ou dans l'organisation du parasite.

De l'ensemble des observations et des expériences sur la nature vivante se dégage un fait qui frappe les yeux : pour la vie de chaque espèce végétale ou animale, la nécessité de conditions plus ou moins strictement déterminées. On a supposé les êtres capables de se modifier lorsqu'ils subissent des influences nouvelles, et nous voyons que toutes les créatures périssent, si les conditions ordinaires de leur existence et de leur propagation ne sont pas réalisées. Les diverses espèces de plantes et d'animaux se montrent inégalement exclusives dans le choix de l'habitation et du régime; en changeant de milieu, disons-le encore, les plus indifférentes ne subissent pas de variations sensibles ou ne sont affectées que dans les traits superficiels; des milliers d'exemples le prouvent. On n'est pas encore parvenu à découvrir un seul fait qui puisse rendre douteuse cette vérité absolument générale; selon toute apparence, la découverte se fera beaucoup attendre.

II.

Depuis l'antiquité, on sait qu'un animal peut s'unir à un animal d'espèce voisine et donner des produits. Les unions du cheval et de l'ânesse, de l'âne et de la jument, ont été sans doute observées chez tous les peuples en possession de ces précieux auxiliaires de la civilisation. On n'ignorait pas que les produits sont condamnés à mourir sans postérité; en général, le mulet est stérile. Dès les temps anciens, on s'était assuré de la fécondité des mariages du bouc et de la brebis. L'individu hybride étonne; le mélange plus ou moins capricieux des caractères d'un père et d'une mère à certains égards fort dissemblables est une bizarrerie qui excite l'intérêt des naturalistes et la curiosité de tout le monde. Aussi l'imagination s'est-elle donné carrière au sujet de prétendus animaux issus de types zoologiques fort divers. Longtemps on crut à l'existence des jumarts, nés du taureau et de la jument ou du cheval et de la vache. Si personne ne les avait vus, cela n'empêchait pas de les décrire, il est vrai d'une manière un peu vague. A l'égard des hybrides, Isidore Geoffroy Saint-Hilaire a rappelé les folles croyances qui existaient pendant le moyen âge et même à une époque beaucoup plus récente. Avec le progrès de la science s'est éteinte l'idée d'unions possibles et surtout d'unions fécondes entre des animaux d'organisation très différente. D'un autre côté, les exemples du mulet et des oiseaux provenant du mariage du chardonneret avec la serine enracinèrent beaucoup trop l'opinion que les hybrides sont condamnés à l'état stérile. Les expériences se sont multipliées; la certitude a été acquise que les produits d'espèces voisines demeuraient souvent féconds. En même temps, on s'est convaincu que la fécondité diminue rapidement chez la descendance des hybrides et qu'elle s'éteint au bout de quelques générations. Rien donc ne semble mieux prouver l'impossibilité de constituer une nouvelle forme permanente et rien ne paraît attester davantage que chaque espèce a une constitution propre. En effet, si les espèces voisines qui peuvent se mêler sortaient de la même souche, est-il croyable que leur postérité manquerait alors de la faculté de propagation dévolue aux créatures issues de parents d'espèce semblable?

Des individus hybrides présentent souvent une superbe constitution : néanmoins on observe dans la plupart des cas une dégénérescence; une atrophie des organes ou des éléments reproducteurs se manifeste; elle se prononce plus tôt ou d'une façon plus sensible chez les mâles que chez les femelles. Le phénomène est analogue parmi les animaux et parmi les végétaux. Ce n'est pas tout encore : lorsqu'on maintient la fécondité d'un hybride en l'unissant à un individu normal, on voit bientôt disparaître dans la descendance les traces de la parenté originelle dont la part reste la plus faible. On finit par en chercher vainement l'indice; tous les individus sont pareils à ceux de l'espèce qui a joué le rôle prépondérant; l'autre élément semble avoir été éliminé de l'organisme comme sont éliminées les substances introduites par accident. Plus on observe, plus on expérimente, et plus on se persuade que tout dans la nature est mis en jeu pour la conservation des espèces. Sur la question de l'hybridité, les faits acquis à la science sont nombreux; il convient de s'arrêter aux plus remarquables.

La stérilité n'étant pas absolue, une fécondité plus ou moins grande pouvant persister durant quelques générations chez des êtres issus de parents d'espèces distinctes, les partisans de l'idée des transformations indéfinies s'emparent volontiers de ces exemples pour défendre une hypothèse qui ne s'accommode guère avec la réalité. Nous voyons les formes hybrides disparaître, ils veulent croire qu'elles pourraient se perpétuer. Un premier indice important de l'indépendance originelle des espèces apparaît dans la répugnance des animaux à s'unir à un individu qui n'est pas de leur espèce, tandis que les individus de races différentes se mêlent sans difficulté, témoignant même parfois d'une sorte de prédilection les uns pour les autres. « La nature, disait Cuvier, a soin d'empêcher l'altération des espèces qui pourrait résulter de leur mélange par l'aversion naturelle qu'elle leur a donnée; il faut toutes les ruses, toute la puissance de l'homme pour faire contracter ces unions, même aux espèces qui se ressemblent le plus. » Présenté en termes un peu trop absolus, le tableau reste vrai. Dans l'état de nature, on le sait aujourd'hui, naissent parfois des hybrides, mais ils sont d'une rareté extrême; des circonstances très exceptionnelles sont nécessaires pour amener des unions anormales. En captivité, l'isolement, l'impossibilité de choisir, l'ardeur qu'excite un besoin impérieux à satisfaire, finissent souvent par l'emporter sur la répugnance instinctive. L'alliance néanmoins restera sans résultat, si le mâle et la femelle ne sont pas d'espèces voisines.

Dès qu'il s'agit de l'hybridité, l'animal issu de l'âne et du cheval devient le premier exemple. Le mulet se voit en Orient et en Europe depuis une époque fort ancienne, partout son nom est devenu synonyme d'être stérile. C'est en effet la condition ordinaire du produit de l'âne et de la jument comme de celui du cheval et de l'ânesse; il est donc avéré que les mulets sont incapables de propagation. On assure, il est vrai, depuis longtemps que des mules d'Andalousie parfois deviennent mères en s'unissant soit au cheval, soit à l'âne; tout récemment ce phénomène s'est réalisé au Jardin d'acclimatation du bois de Boulogne. Toutes les espèces du genre cheval produisent entre elles : l'hémione, le zèbre, le couagga, le dauw, avec l'âne et le cheval ; on cite des mulets provenant du croisement de l'âne et du zèbre, du zèbre et du cheval, dont la fécondité mise à l'épreuve a été reconnue. Dans la ménagerie du Muséum d'histoire naturelle de Paris, où l'on entretient des hémiones, des hybrides de cette espèce et de l'âne sont nés à diverses époques; par l'ensemble de la conformation, l'hémione des montagnes de l'Asie centrale est plus près de l'âne que celui-ci ne l'est du cheval; les produits des deux animaux ont été souvent féconds. Un mâle né d'un hémione et d'une ânesse « a fécondé, rapporte Isidore Geoffroy Saint-Hilaire, les deux espèces dont le croisement l'avait produit; mais, ajoute le savant naturaliste, des expériences multipliées nous ont appris que cet *hémione-âne*, s'il est plus fécond qu'un mulet ordinaire, l'est moins qu'un individu de race pure. » Les hybrides de la seconde génération se montrèrent absolument stériles. Aujourd'hui, grâce aux soins de M. Milne Edwards, on voit pour la première fois au Jardin des Plantes un hybride issu de l'hémione et de la jument. En résumé, les espèces très distinctes d'un genre fort naturel donnent naissance à des hybrides, les uns stériles, les autres d'une fécondité médiocre appelée à s'éteindre dans la descendance immédiate.

Il y a vingt ans, le consul de France en Chine, M. de Montigny, amenait à Paris un troupeau d'yaks : le bœuf à longue toison, domestique chez les habitants des montagnes de l'Himalaya, alors à peine connu en Europe. Du croisement des yaks mâles avec les vaches de notre espèce bovine, on a eu d'assez nombreux produits. Ces animaux parurent d'abord aussi féconds que des individus de race pure, mais les individus qui naquirent des hybrides se montrèrent généralement stériles. Des zoologistes n'avaient pas regardé comme inadmissible que notre bœuf sortît de la même souche que l'yak; le résultat des expériences semble décisif en faveur de l'opinion contraire, adoptée du reste par presque tous les auteurs. En Asie, on voit, paraît-il, assez communément des hybrides de l'yak et du zébu; connus dans l'Inde sous le nom de *dzos*, ces bœufs, unis à un individu de l'une ou l'autre espèce, ne sont pas, assure-t-on, de très mauvais reproducteurs; on n'imagine pas néanmoins qu'un troupeau de *dzos* soit capable de propagation. Le croisement du bélier et de la chèvre, du bouc et de la brebis, est signalé comme assez ordinaire. Les Romains ont parlé des produits de ces deux sortes de ruminants. Buffon a obtenu des hybrides du bouc et de la brebis; néanmoins l'expérience souvent répétée en Europe n'a pas eu le moindre succès. Au Chili et au Pérou, réputés faciles, les croisements des deux espèces seraient d'une pratique habituelle, les peaux des hybrides étant estimées pour certains usages. On ne cite aucun cas de fécondité des produits soit du bouc et de la brebis, soit du bélier et de la chèvre.

Il y a juste un siècle, un expérimentateur italien, Amoretti, annonçait la reproduction du lapin mâle et de la femelle du lièvre, la hase. On resta fort incrédule; de nombreuses tentatives de rapprochement entre le lapin et la hase, entre le lièvre et la lapine, faites par des personnes très familiarisées avec les mœurs de ces animaux, n'avaient pas réussi. Depuis quelques années cependant, on affirme que l'union du lièvre mâle et du lapin femelle est non-seulement possible, mais féconde. Les produits, désignés sous le nom de léporides, présentant un mélange des caractères du père et de la mère, avec quelque prédominance de ceux du lapin, conserveraient la faculté d'engendrer. A la seconde génération, les signes caractéristiques du lièvre seraient déjà très effacés; à la troisième génération, on en chercherait vainement la trace, — les léporides ne se distingueraient plus des lapins ordinaires. Les zoologistes n'ont pas eu l'occasion d'étudier les léporides; c'est avec réserve que nous rappelons les faits consignés par les observateurs. En tout état de cause, ces faits ont une importance considérable dans la question qui nous occupe, car il demeure avéré maintenant qu'on n'est pas parvenu, malgré de grands efforts, à créer un type persistant, intermédiaire entre le lièvre et le lapin.

Nous ne songeons pas à citer les résultats des alliances de plusieurs mammifères d'espèces différentes, dont les produits se sont éteints dans les ménageries sans avoir eu de postérité. Il est au contraire d'un intérêt très réel de s'arrêter aux expériences qui ont eu pour objet la reproduction du chien avec d'autres mammifères du même genre. Les unions du chien et de la louve, du loup et de la chienne, ont été assez fréquentes pour être connues de tout le monde. Les chiens-loups sont féconds, on le sait; Buffon a suivi quatre générations, issues d'un braque et d'une louve. C'est la fécondité la plus longue constatée chez les hybrides des deux espèces. Isidore Geoffroy Saint-Hilaire a entretenu au Muséum d'histoire naturelle des métis de chacal et de la chienne pendant trois générations, et Flourens pendant quatre générations. La mort frappa dans le groupe des chiens-chacals; les curieuses expériences s'arrêtèrent trop tôt pour être vraiment concluantes. Isidore Geoffroy Saint-Hilaire pense que les métis placés dans de bonnes conditions auraient continué à reproduire; peut-être a-t-il raison : les loges d'une ménagerie ne sont pas un séjour favorable pour les animaux. La fécondité des produits du chien et du chacal maintenue pendant plusieurs générations fournit un argument en faveur de la croyance couvent manifestée par des naturalistes et des voyageurs que le chacal est en réalité le chien sauvage. On est ici en présence d'une question pleine d'intérêt, car, nous l'avons dit, l'opinion que les chiens domestiques disséminés par le monde ont pour origine différentes espèces de chiens sauvages, loin sans doute d'être justifiée, n'est pas non plus dénuée de toute vraisemblance. On regrette que tant d'obstacles s'opposent à la poursuite méthodique de recherches et d'expériences dont les résultats feraient la lumière sur un des importants problèmes de la zoologie et de la physiologie.

Les notions acquises sur les effets du croisement de mammifères d'espèces différentes sont faciles à résumer. La reproduction est impossible entre les espèces n'ayant pas une étroite parenté zoologique; les unions sont fécondes, si les espèces sont très voisines; mais en général les produits demeurent stériles; — la stérilité néanmoins n'est pas absolue. Tout à fait exceptionnelle chez certains hybrides, la fécondité est ordinaire chez d'autres; elle peut persister pendant quelques générations. Ces divers degrés étant reconnus, aucun naturaliste ne voudrait probablement affirmer que la faculté procréatrice ne peut durer indéfiniment dans la descendance d'hybrides d'espèces extrêmement voisines. La question reste indécise à l'égard des mammifères du genre chien. Si les investigations ultérieures apportent la preuve d'une fécondité sans limites dans la suite des générations de certains animaux issus de parents d'espèces distinctes, la stérilité amenant la disparition plus ou moins prompte des hybrides n'en restera pas moins le fait qui domine d'une manière presque exclusive dans la nature. M. Darwin lui-même se rend à l'évidence; « les hybrides, dit-il, sont généralement, mais non pas universellement stériles; la stérilité est de tous les degrés. »

Parmi les oiseaux, les exemples d'hybridité sont fort nombreux, ils sont aussi très concluants. Tous les faisans produisent ensemble, et les faisans avec notre espèce galline domestique. Le coq avec la pintade et même la pintade avec le paon ont donné des hybrides; quelques espèces de perdrix, de tétras et du genre hocco, propre à l'Amérique, paraissent avoir aisément des unions fécondes; il en est de même pour les colombes et les pigeons. Les croisements de plusieurs sortes de moineaux, le canari avec le tarin, la linotte, le chardonneret, le pinson, le verdier, même avec le bruant et le bouvreuil, ont été fréquemment observés. Les hybrides de canards et d'oies d'espèces différentes, du cygne noir avec le cygne domestique, ont été plus d'une fois signalés; Frédéric Cuvier a parlé d'un produit du cygne sauvage et de l'oie domestique. Des naturalistes se sont émerveillés de voir des unions fécondes entre des oiseaux de divers genres ; à ce sujet, il est utile de rappeler que dans cette classe du règne animal les distinctions génériques ont été souvent établies entre des types remarquables, il est vrai, sous le rapport des particularités du plumage, mais très semblables par l'ensemble de la conformation. Les oiseaux hybrides plus ou moins communs dans les ménageries et les volières sont presque toujours stériles, et c'est un enseignement dont il faut tenir grand compte. La fécondité est rare chez ces êtres issus de parents d'espèces différentes; il est certain que jamais on ne la vit persister durant une longue suite de générations. Un seul auteur cite une famille de linots-serins dont il obtint trois générations. Les hybrides du coq et du faisan ou du faisan et de la poule, connus sous le nom de *coquarts*, ont été très multipliés; ces oiseaux, rapportent les observateurs, ne pondent que des œufs clairs.

Chez les poissons, la possibilité de féconder les œufs d'une espèce par la laitance d'une autre espèce est démontrée ; jusqu'à présent, les individus hybrides n'ont été l'objet d'aucune étude suivie. Parmi les insectes, on a obtenu le croisement de nos deux bombyx indigènes : le grand paon et le petit paon de nuit, celui de quelques espèces de la famille des sphinx. Tout le monde a entendu parler du bombyx du ricin, fort répandu dans l'Inde, et du bombyx de l'allante, originaire de la Chine, introduits en France il y a une vingtaine d'années. Les deux lépidoptères sont très voisins, et, venant à se mêler, ils donnent des produits presque exactement intermédiaires entre les deux formes soit à l'état de chenilles, soit à l'état de papillons. Ces hybrides se sont montrés aussi féconds que les individus de race pure; mais, peut-être à raison d'une prédominance du bombyx de l'ailante, il est bientôt devenu impossible de retrouver dans les générations successives le moindre indice de l'intervention du bombyx du ricin. En vérité, les observations et les expériences sur les hybrides paraissent témoigner fortement qu'il n'est guère possible ni de modifier une espèce, ni de constituer une forme nouvelle qui soit durable.

Dans l'état de nature, les hybrides sont d'une rareté inouïe; on n'en a jamais rencontré parmi les mammifères; seulement on assure que des chiennes errantes ont été parfois fécondées ici par un loup, là par un chacal. Les oiseaux ont offert quelques exemples d'hybrides sauvages dans des localités où une espèce se trouvait en abondance, et les individus d'une espèce voisine très isolés; ceux que les ornithologistes signalent particulièrement provenaient de la corneille noire et de la corneille mantelée, du merle et de la grive, des bergeronnettes grise et noire, de l'hirondelle de fenêtre et de l'hirondelle de cheminée, de tétras à queue fourchue et du lagopède des saules. Les hybrides de quelques insectes sont fort connus. Certaines coccinelles, petits coléoptères que chacun appelle des *bêtes à bon Dieu*, se mêlent parfois, et alors naissent des individus offrant la confusion des caractères de deux espèces. Des zygènes, charmants papillons aux ailes de bronze, ornées de taches du plus beau rouge, contractent aussi par hasard des mariages irréguliers; les produits sont fort recherchés dans les collections. A une époque, des entomologistes découvrent dans les Alpes du Dauphiné des sphinx comme on n'en avait jamais vu; ils les jugent d'espèces encore inobservées. Les années suivantes, il devient impossible d'en rencontrer un seul individu; en effet, les apparitions sont tout à fait accidentelles. Ces sphinx sont des hybrides; on a fini par surprendre les relations des parents. Tous ces hydrides sauvages meurent, selon toute apparence, sans postérité; leur présence passagère ne vient-elle pas attester qu'un trouble dans l'ordre naturel n'amène aucun changement dans la condition des êtres?

Les observations et les expériences ne montrent pas moins sur les plantes que sur les animaux l'impossibilité de produire de nouvelles formes permanentes ou de fondre deux espèces en une seule. A l'état de nature, malgré le vent et les insectes qui transportent le pollen au hasard, les végétaux hybrides demeurent fort rares. Quelques botanistes reconnaissent de temps à autre des plantes issues de deux espèces distinctes, surtout des primevères et des saxifrages; il ne paraît pas que ces végétaux se propagent d'une façon régulière. C'est en 1737 qu'un Anglais, Bradley, annonça pour la première fois le croisement fertile de deux espèces de primevères. Depuis cette époque, les botanistes ont fait une foule d'expériences; celles des auteurs allemands Kölreuter et Gärtner ont apporté la preuve que la fécondité des plantes hybrides ne tarde pas en général à s'éteindre. Si les résultats des observations ne s'accordent pas dans toutes les circonstances, c'est que, parmi les plantes comme parmi les animaux, la stérilité des individus provenant de deux espèces différentes ne s'accuse pas d'une manière absolue. Sur ce sujet, on doit à M. Charles Naudin des expériences singulièrement instructives; elles ont été poursuivies sans relâche pendant huit années avec tous les soins et toutes les précautions qu'exige l'investigation scientifique. Une belle-de-nuit est fécondée par le pollen d'une autre espèce du même genre; de l'opération pratiquée sur deux fleurs, on n'obtient que deux graines, une seule produit un hybride remarquable. Cette plante devient énorme, elle se couvre d'une immense quantité de boutons, les trois quarts tombent sans s'ouvrir; elle donne néanmoins plus de trois cents fleurs dans l'espace de deux mois et demi : toutes demeurent stériles malgré les soins que prend l'opérateur pour féconder les ovaires. La primevère commune reçoit le pollen de la primevère à grandes fleurs; les graines donnent des plantes qui dénotent à tous les yeux le mélange des deux espèces : une seconde génération s'élève alors. On voit dans le même semis des fleurs presque semblables à celles de la primevère commune, d'autres à peine différentes de celles de la primevère à grandes fleurs; le retour aux types primitifs devient évident.

Dans les jardins d'agrément, les deux plantes sont cultivées ensemble, elles se croisent avec facilité; les hybrides étant fécondées par le pollen des fleurs de race pure, les variétés se multiplient de la sorte et se renouvellent sans cesse. Différentes espèces du genre *Datura* sont fécondées l'une par l'autre; souvent les hybrides prennent des proportions magnifiques, mais en général les dernières fleurs seules persistent, beaucoup de graines se constituent d'une manière imparfaite; à la seconde génération, plus encore à la troisième, l'un des éléments s'efface; c'est tantôt la paternité originelle, tantôt la maternité qui domine. Une nicotiane reçoit le pollen d'une autre espèce du même genre. La plante hybride, remarquable par le mélange des caractères, prend un beau développement, néanmoins elle est stérile, son pollen ne consiste qu'en poussière blanche impropre à la fécondation.

M. Ch. Naudin poursuit ses expériences sur les nombreuses espèces de nicotianes : les plus dissemblables donnent naissance à des hybrides stériles; les plus voisines ont des produits fertiles, et toujours à la seconde et à la troisième génération le végétal revient à l'un ou à l'autre des deux types primitifs. Ce dernier phénomène fut également observé à l'égard des pétunias. Un hybride, issu de deux espèces de digitales, se montre absolument stérile; des produits de la linaire commune, fécondée par la linaire pourpre, fournissent cinq générations; on observe une grande diversité parmi les plantes de même origine, c'est tantôt un état à peu près exactement intermédiaire entre les deux types, tantôt une grande ressemblance soit avec l'un, soit avec l'autre; plus on s'éloigne du point de départ, plus les formes primitives reparaissent dégagées de tout mélange appréciable. L'hybride de deux groseilliers est stérile; répandu dans quelques jardins, les botanistes savent qu'il ne fructifie jamais. Les plantes de la famille des courges ayant des fleurs unisexuées se prêtent admirablement aux expériences de fécondation, M. Naudin a beaucoup profité de cette condition favorable. Une espèce est imprégnée du pollen d'une autre espèce bien distincte. Chez les produits, la dégénérescence des organes reproducteurs est très prononcée, les fruits viennent en petit nombre; ils n'acquièrent pas le volume ordinaire et ne contiennent que peu de graines; à la seconde génération, le végétal s'appauvrit encore; un hybride de la première génération fécondé par un sujet de la seconde donne des plantes vigoureuses, mais les individus qui en proviennent portent des fruits presque semblables à ceux de l'espèce maternelle. Diverses sortes de melons et de courges fournissent des résultats analogues; d'autres, dont la distinction spécifique est incertaine, se mêlent avec une extrême facilité, et dans la descendance la fécondité se maintient aussi parfaite que dans les types originels. En résumé, les hybrides d'espèces végétales séparées par des caractères d'une certaine importance demeurent stériles, les étamines étant dépourvues de pollen bien constitué et l'ovaire incapable d'être fécondé par le pollen le mieux organisé. Dans les produits d'espèces plus ou moins voisines, la fertilité est variable depuis le cas où le sujet n'est fertile que par l'ovaire jusqu'à celui où le pollen est parfait comme celui des espèces pures. Enfui les hybrides qui continuent à se propager reviennent plus ou moins promptement aux formes des espèces productrices. Voilà ce que démontrent les laborieuses recherches de M. Naudin.

A son tour M. Godron, le savant botaniste de Nancy, adonné depuis plus de vingt ans à des expériences sur les végétaux, constate que les hybrides en général demeurent stériles. En fécondant ces mêmes hybrides avec le pollen de l'un des parents, il voit renaître la fertilité et en même temps se produire plus ou moins vite un retour au type prédominant. Toutes les investigations tendent donc à prouver que chez la plupart des espèces végétales les altérations ne prennent aucun caractère stable. De même, il est vrai, qu'il peut exister des doutes à l'égard de la fécondité durable de quelques hybrides issus d'animaux d'espèces très voisines, il règne encore dans la science une incertitude au sujet de la fertilité continue de plusieurs hybrides végétaux. En divers endroits, rapporte M. Godron, se trouvent rapprochés le sorbier des oiseaux et tel ou tel sorbier d'espèce différente; au milieu d'eux s'élèvent des arbres qui offrent une sorte de mélange des signes caractéristiques de l'un et de l'autre; aux yeux du botaniste, ce sont des hybrides dont la naissance s'explique par les visites incessantes des insectes mellifères qui transportent le pollen sur toutes les fleurs. D'ordinaire ces sorbiers ont peu de graines; s'ils étaient isolés, la race sans doute s'éteindrait. Un poirier sauvage est regardé comme un hybride, et M. Decaisne reconnaît qu'il fournit également très peu de graines. Jusqu'ici la loi générale est incontestable; mais, en présence de saules, de rosiers, de ronces, offrant à peu près tous les intermédiaires entre les formes les plus tranchées, la discussion est possible; ces végétaux prospèrent aux mêmes lieux et témoignent d'une égale fertilité, aussi des botanistes se persuadent qu'il existe en réalité quelques espèces de saules, de rosiers, de ronces, très voisines et néanmoins bien distinctes, capables de produire des hybrides jouissant d'une fertilité égale à celle des types primitifs. Défendue avec force par un naturaliste, M. Regel, cette opinion reste cependant douteuse; ainsi que le fait remarquer M. Naudin, l'expérience même laisserait peut-être la question indécise. L'origine hybride de divers saules et de plusieurs rosiers deviendrait extrêmement probable, si ces végétaux ne se reproduisent pas fidèlement par la voie des semis et s'ils changent de physionomie d'une génération à l'autre; dans le cas au contraire où ces formes se conserveraient intactes, les botanistes se trouveraient disposés à les considérer comme autant de types particuliers. Une conclusion se dégage fatalement des résultats des nombreuses expériences entreprises dans le dessein de reconnaître les résultats du mélange de deux espèces végétales, c'est qu'il est impossible de maintenir les formes hybrides. Si par une très rare exception des formes hybrides persistent quand elles proviennent d'espèces extrêmement voisines, chose encore fort incertaine, la fixité absolue de presque tous les types n'en demeure pas moins le grand fait qui s'impose avec le caractère de l'évidence.

III.

De tous les phénomènes qui tombent sous l'observation des hommes, l'évolution des êtres est l'un des plus merveilleux. Une cellule apparaît, un œuf se constitue, un embryon se développe, et par une suite de changements identiques chez tous les individus, dans un temps contenu dans des limites plus ou moins circonscrites, un animal vient reproduire les traits de ses parents. C'est l'évolution comme l'entendent les naturalistes. Le cycle s'accomplit d'une façon si régulière que tout est prévu depuis les découvertes de Charles-Ernest de Baer et d'une foule d'investigateurs, qui ont déterminé pour les divers types d'animaux les conditions du développement. M. Darwin et les adeptes de sa doctrine supposent que l'évolution n'est pas arrêtée chez les êtres parvenus à la forme définitive. A cet égard, ont-ils donc apporté une preuve ou seulement entrevu une probabilité, surpris un indice? Nullement. Les partisans des transformations indéfinies, selon la juste remarque d'Agassiz, « n'ont rien ajouté à notre connaissance de l'origine de l'homme et des animaux. » Ils citent des faits connus de tout naturaliste instruit et se jettent dans des interprétations de pure fantaisie. « Nulle découverte, nul fait nouveau ou encore inaperçu, » constate avec une entière vérité l'illustre professeur de Cambridge.

M. Darwin et les défenseurs de ses idées insistent sur l'étonnante ressemblance des êtres durant les premières phases du développement. Si aucun doute ne subsiste à ce sujet, ce n'est certes point à leurs recherches que la science en demeure redevable. Afin de frapper le lecteur qui n'a pas vécu dans la familiarité des études zoologiques, ils extraient des ouvrages des observateurs les images représentant les formes embryonnaires de plusieurs types d'animaux, et alors ils s'écrient : Voyez jusqu'où va la ressemblance. L'opération n'a pas coûté grand effort. Ainsi que nous l'avons déjà rappelé, on sait à merveille combien les rapports des êtres au point de départ sont saisissants. Par l'étude comparative des premières phases du développement ont été déterminées pour une foule d'animaux des relations naturelles que les caractères des adultes ne permettaient pas de soupçonner. La ressemblance de tous les vertébrés au début de la vie embryonnaire est donc parfaitement connue; mais cette ressemblance ne signifie pas l'identité. Rapprocher d'un embryon humain l'embryon d'un chien, pour conclure que l'homme et le chien ont une origine commune, devient une pure fantaisie. De l'œuf d'une carpe, de l'œuf d'un moineau, de l'œuf d'un chien ou d'un lapin, ne se développera jamais autre chose qu'une carpe, un moineau, un chien ou un lapin. Toutes les influences imaginables ne modifient en rien l'évolution des êtres; un trouble profond n'amène qu'une monstruosité.

Les animaux à métamorphoses ne font nulle exception à la règle générale. La grenouille, comme la salamandre, est d'abord un têtard vivant à la manière des poissons; elle ne prend sa forme définitive que par une suite de changements qui frappent tous les yeux; le cycle ne s'accomplit pas moins avec une régularité fatale. Depuis une dizaine d'années, on a beaucoup parlé des axolotls. Ces batraciens, de taille assez forte, ressemblent aux salamandres d'eau, les tritons, avant la dernière métamorphose; en un mot, les axolotls, animaux aquatiques, portent des branchies. On savait qu'ils se reproduisent, et cette circonstance les faisait considérer comme des êtres adultes; on les classait parmi les batraciens à branchies persistantes : les pérennibranches. L'espèce du Mexique apportée au Muséum d'histoire naturelle devint l'objet d'observations très suivies de la part de M. Auguste Duméril. A la grande surprise des naturalistes, on vit des axolotls perdre leurs branchies, et se transformer comme se transforment les tritons qui abondent dans nos étangs. Ces batraciens avaient achevé un développement qui n'est pas nécessaire pour la propagation ; on les reconnut tout aussitôt pour des amblystomes, ainsi qu'on avait nommé le type parfait avant d'être instruit de la métamorphose des axolotls. Jusqu'ici les amblystomes ne se sont pas reproduits en captivité. Que l'espèce perde ou conserve la faculté d'engendrer lorsqu'elle acquiert le développement ordinaire des batraciens à longue queue, l'évolution s'effectue toujours suivant la loi générale. Les exemples d'êtres capables de reproduction avant d'avoir atteint l'état adulte sont nombreux dans la nature. M. Darwin s'arrête à ces exemples; mais en vérité qu'un animal devienne fécond à une période plus ou moins avancée de son développement, rien dans le fait ne paraît pouvoir modifier la condition de l'espèce. Nous avons déjà rappelé que les représentants d'un même groupe zoologique n'atteignent pas une égale perfection organique; des femelles surtout parmi les insectes restent dans un état d'infériorité remarquable. La punaise des lits s'arrête dans son évolution plutôt que les autres types du même ordre : pendant sa croissance, quatre fois seulement elle change de peau; elle a de simples rudiments d'ailes. La punaise de bois subit cinq mues ; elle devient un insecte parfait, elle a de grandes ailes. La punaise des lits se propage dans un état comparable à celui de l'axolotl. Parfois on l'a vue avec des ailes : des circonstances exceptionnelles avaient amené un développement inusité; la punaise s'était transformée en insecte parfait, comme l'axolotl se transforme en amblystome. Dépourvue d'ailes ou munie d'organes de vol, la punaise des lits ne cesse d'avoir toutes les conditions d'une espèce dont les phases de l'existence demeurent entre des limites infranchissables.

A un moment de l'année, on voit sur les végétaux des pucerons des deux sexes; ils multiplient à la façon des autres insectes, les femelles pondent des œufs. De ces œufs naissent de jeunes sujets; ce sont tous des femelles, bientôt aptes à la reproduction sans le secours d'aucun mâle; elles mettent au monde des petits vivants et les générations se succèdent ainsi pendant le cours de la belle saison. Chaque espèce est alternativement ovipare et vivipare, — le fait est aujourd'hui de connaissance presque vulgaire; — malgré la singularité du phénomène, les diverses sortes de pucerons restent immuables. Les cécidomyies sont de petits diptères, des mouches, si l'on veut, de la famille des tipulides, qui naissent sous forme de larves et la plupart subissent des métamorphoses comme tant d'autres insectes. Parmi ces êtres chétifs, une étrange faculté de propagation a été découverte chez une espèce par un professeur de l'université de Kazan, M. Nicolas Wagner. Au printemps, paraissent les cécidomyies : elles pondent des œufs; des larves éclosent, et ces larves sans sexe ont la faculté d'engendrer; dans des loges particulières de leur abdomen se développent d'autres larves qui en naissant déchirent le corps de leur mère. A leur tour, celles-ci multiplient de la même manière, et les générations ne s'arrêtent pas tant que dure la saison chaude. A l'automne, les larves existantes se transforment en nymphes, et dès les beaux jours de l'année suivante se montrent de nouveau les insectes ailés.

Tout le monde connaît un peu les méduses, ces zoophytes gélatineux que souvent le flot jette sur les grèves. La méduse produit des œufs; de ces œufs sortent de petites larves couvertes de cils vibratiles. Bientôt fixée sur une roche, la jeune larve devient un polype, ce dernier se multiplie par des bourgeons. A un moment, une transformation a lieu, des disques se détachent du polype et demeurent libres; ce sont autant de méduses. Voici des plantes inférieures par la structure, des algues abondantes dans les eaux douces, fort bien étudiées par M. Sirodot de Rennes. Pendant la première phase de la vie, le végétal n'a pas d'organes sexuels, il se propage néanmoins par des cellules qui viennent à s'isoler; dans la seconde phase, il prend une physionomie nouvelle, et la multiplication s'effectue par des pores. Partout le cycle offre une merveilleuse régularité. Malgré des particularités fort diverses, l'évolution suit une marche invariable et s'arrête pour chaque espèce à une limite qui n'est jamais dépassée. Rien donc dans la nature n'autorise à supposer une évolution perpétuelle.

IV.

Contre l'idée de modifications continuelles parmi les êtres, il faut bien opposer que, depuis le temps des premières observations, les espèces n'ont pas subi le moindre changement. Une période de quelques siècles est jugée insignifiante ! — Les tombeaux de l'Egypte nous ont conservé des plantes et des animaux; mammifères, oiseaux, reptiles, poissons, insectes, sont identiques à ceux qui vivent de nos jours. Si plus de trente siècles n'ont pas suffi pour imprimer à l'un ou l'autre des types une variation appréciable pour les yeux les plus exercés à découvrir d'imperceptibles nuances, est-il donc croyable qu'une période dix fois, vingt fois, cent fois plus longue exerce une influence considérable? Trois mille ans! cela compte à peine dans les calculs des partisans de l'évolution perpétuelle; on doit songer à une accumulation de milliers de siècles. L'exemple des plantes et des animaux de l'antique Egypte est déclaré de peu de valeur; les espèces jetées sur ce coin du monde, étant demeurées soumises aux mêmes conditions depuis l'époque historique, ne devaient pas se modifier. Si les anciens peuples des autres parties du globe avaient enfoui des plantes et des animaux, la comparaison que nous pourrions faire de ces restes avec les individus actuels donnerait certainement lieu aux mêmes remarques et suggérerait de pareilles réflexions. Peut-on douter en effet que les Hindous et les Chinois qui vivaient il y a cinq ou six mille ans aient vu autour d'eux une flore et une faune à peu près de tous points semblables à la flore et à la faune que les naturalistes observent aujourd'hui dans l'Inde et à la Chine? Assurément non. Quelques espèces dont la dissémination s'est étendue peuvent avoir été introduites dans diverses localités, d'autres disparues en certains endroits à la suite de défrichements et de l'extension des cultures; mais c'est le seul changement qui paraisse s'être produit depuis plusieurs milliers d'années. Abandonnant le monde actuel, nous nous reportons aux âges géologiques; de l'avis de la plupart des investigateurs modernes, la durée des périodes a été immense. M. Darwin, on ne l'a pas oublié, croit utile pour la défense de sa théorie de ne pas se montrer avare du temps ; il rappelle que d'après les supputations fort légitimes de l'un de ses compatriotes, M. Croll, certains dépôts sédimentaires ne se sont pas formés en moins de six millions d'années. Nous croyons que les périodes géologiques ont été en effet très longues. Qu'on en exagère encore la durée, peu importe, on n'en trouvera moins encore la preuve que les types du règne animal et du règne végétal ont donné naissance à des formes très diverses.

De notre temps, la période glaciaire a été l'objet de patientes recherches et de grandes préoccupations de la part des zoologistes et des géologues; un froid intense régnait alors dans l'Europe centrale. Le climat a changé, les conditions de la vie se sont modifiées, des êtres ont disparu, des espèces se sont éteintes. L'existence sur notre sol du mammouth, de l'ours et de l'hyène des cavernes, et de tant d'autres mammifères, n'est attestée que par des ossements exhumés. Cependant plusieurs espèces, dont les débris ont été observés en quantité considérable aux mêmes lieux, vivent encore dans des parties du monde où elles retrouvent un climat qui n'est plus celui des pays qu'elles habitaient autrefois; c'est le renne, qui ne se voit de nos jours qu'en Laponie, c'est le bœuf musqué, à présent confiné dans les plus froides régions de l'Amérique septentrionale, c'est la marmotte, qui maintenant n'établit sa demeure que sur les hautes montagnes, c'est la chouette blanche ou le harfang, aujourd'hui relégué sur les terres boréales de l'Europe, de l'Asie et de l'Amérique. Des comparaisons minutieuses ont été faites entre les os recueillis en France et ceux des animaux qui à l'heure actuelle foulent le sol des régions glacées, une certitude est acquise : les rennes, les bœufs musqués, les harfangs des contrées du nord, sont bien tout pareils aux individus de la période glaciaire. Ces animaux ont pu changer de patrie, ils ont conservé la même physionomie, la même organisation, les mêmes besoins. Au reste, la plupart des créatures vivantes à l'époque quaternaire, crabes, mollusques, végétaux, se retrouvent dans les faunes et les flores du monde moderne sans offrir le moindre signe de variation; personne, croyons-nous, n'y contredit, il faut remonter plus loin dans le passé.

Au début des recherches, les explorateurs avaient conçu de l'histoire du globe une idée assez étrange ; frappés de certains traits de l'écorce terrestre, et du caractère de divers types de végétaux et d'animaux, ils se figuraient de grandes périodes nettement tranchées; à chaque époque, une création nouvelle finissant par une extinction générale de la vie. Longtemps persista cette croyance; convaincus que toutes les espèces anciennes-étaient anéanties, les paléontologistes comparaient les êtres fossiles aux êtres vivants pour en déterminer simplement les principaux rapports ; chaque espèce fossile était jugée distincte d'une espèce actuelle malgré les apparences contraires, par la seule raison qu'elle appartenait à une autre époque.

Les découvertes récentes ont fait ouvrir les yeux; maintenant zoologistes et botanistes constatent la continuité de la vie d'espèces nombreuses. M. de Saporta, qui s'est occupé avec tant de succès du caractère des flores anciennes, reconnaît la persistance des types à travers les âges; elle est absolument démontrée à l'égard de bon nombre d'animaux marins. Les explorations des grandes profondeurs de la mer ont en effet procuré la connaissance de polypiers et de mollusques dont les coquilles ne présentent aucune différence appréciable avec des coquilles et des polypiers fossiles appartenant aux formations de la période tertiaire, même aux plus anciennes. Ceux qui ont comparé les individus vivants aux restes enfouis dans un temps infiniment reculé sont des naturalistes profondément exercés à discerner les plus infimes détails de la conformation des êtres. N'oubliant pas sans doute l'opinion naguère encore universellement accréditée, il a fallu l'évidence pour les convaincre d'une similitude que personne ne prévoyait. Des animaux ont résisté à des changements énormes survenus dans la configuration des terres et des mers, et ils n'ont pas varié : individus vivants et individus fossiles présentent une parfaite identité. Si vraiment des millions d'années se sont écoulés depuis l'origine de la période tertiaire, la preuve de la fixité des caractères spécifiques n'est-elle pas d'autant plus éclatante?

Après le monde de la mer, les habitants de la terre appellent l'attention. Les insectes des terrains tertiaires ont été l'objet d'études sérieuses et pleines d'enseignements. Des empreintes trouvées et recueillies en nombre assez considérable dans les schistes d'OEningen en Bavière, dans les gypses des environs d'Aix en Provence, dans les marnes calcaires de l'Auvergne permettent d'apprécier le caractère des faunes. On reconnaît les types que nous sommes accoutumés à voir dans la nature actuelle. Divers groupes sont peu représentés, d'autres se distinguent par la multiplicité des espèces; mais l'absence de certaines formes s'explique d'une façon toute simple. Les insectes plus ou moins conservés à l'état fossile vivaient dans les eaux ou près des rivages; les hyménoptères, qui recherchent les fleurs, des créatures frêles comme des papillons, durent laisser peu de traces. La détermination spécifique absolument rigoureuse des insectes fossiles présente d'ordinaire des difficultés presque insurmontables. Sur les empreintes, les éminences, les sillons, les parties les plus délicates, parfois les plus caractéristiques, sont effacées. Si l'on parvient sans trop de peine à reconnaître le genre, il reste malaisé d'acquérir la certitude que l'espèce fossile offre soit une ressemblance parfaite, soit quelques différences avec l'espèce vivante. Néanmoins il est impossible de ne pas être frappé des analogies.

Un tableau saisissant de la vie dont on trouve les témoins dans la grande formation lacustre d'OEningen a été tracé par le professeur Oswald Heer de Zurich. Plus de 5,000 échantillons d'insectes ont été recueillis dans la localité; 844 espèces ont été distinguées; pour nombre d'espèces, les plantes qui les nourrissaient ont été reconnues ; c'est assez pour faire concevoir l'idée très exacte d'un pays. Un grand lac couvrait une partie de la contrée, une forêt s'étendait jusqu'auprès du rivage. Dans l'eau s'agitaient des dytiques analogues à ceux de nos mares, de grandes et de petites espèces, des larves de libellules et de chironomes, ainsi que des nèpes et des bélostomes, sortes de punaises aquatiques. Sur les bords du lac s'élevaient des roseaux, et la chrysomèle qui grimpait sur les tiges a laissé des empreintes. Il y avait des ombellifères à OEningen, et l'on retrouve les charançons qui fréquentaient ces fleurs à côté d'abeilles, de bourdons et des jolies mouches tachetées de jaune qu'on appelle des syrphes. Des espèces de la famille des cétoines sortaient du tronc des bouleaux et des saules comme celles de l'Europe moderne. Sur des frênes chantaient des cigales, une cantharide en dévorait le feuillage, des saperdes rongeaient des peupliers. Les pins, qui abondaient dans la riche végétation, servaient de pâture à des charançons et à des taupins; une sorte de vigne était rongée par un rhynchite de même que l'arbuste de nos vignobles. Les restes de petites mouches attestent la présence des champignons dans la forêt où des punaises de bois se montraient sur les plantes basses. Des fourmis et des termites creusaient leurs habitations dans les vieux troncs, les libellules rasaient l'eau, les sauterelles et les criquets se cachaient dans les herbes, les coléoptères carnassiers erraient à l'aventure. Le spectacle est-il bien différent dans telle contrée de l'époque actuelle ? Parmi les insectes dont les restes se trouvent dans les schistes d'OEningen, les uns appartiennent à des types européens, beaucoup d'autres à des formes américaines, quelques-uns à des genres aujourd'hui propres à l'Afrique. De l'ensemble de la flore et de la faune, M. Heer conclut que la région n'avait pas un été tropical, mais un hiver doux, en un mot le climat d'une terre voisine du littoral. Dans les schistes d'OEningen, la présence d'une salamandre de proportions colossales a été dès longtemps reconnue ; les débris de l'animal ont été de la part de Cuvier l'objet d'une étude approfondie. L'attention s'est portée de nouveau sur le curieux batracien fossile, lorsqu'en 1829 Franz de Siebold fit au Japon la découverte d'une salamandre vivante, d'une taille également gigantesque; on peut en voir aujourd'hui deux individus dans la ménagerie du Muséum d'histoire naturelle. La faune du Japon, disions-nous dans une communication à l'Académie des Sciences, offre de grandes ressemblances avec les faunes européennes; si l'on se souvient que la salamandre des schistes d'OEningen a été trouvée avec des restes de poissons ne différant pas des espèces qui peuplent nos lacs et nos rivières, on peut supposer que le grand batracien qui vécut autrefois dans les eaux de l'Europe centrale est celui-là même qui vit encore au Japon. Certes la probabilité est grande ; nous avons donc ici une nouvelle preuve que des espèces ont traversé les âges géologiques sans éprouver le moindre changement.

Transportons-nous en Auvergne : les marnes calcaires de Gergovie et du Puy de Corent nous révéleront dans une localité un état de la nature sur un coin de la France pendant la période tertiaire. Au milieu de débris de roseaux et de diverses plantes aquatiques abondent les coquilles de limnées et de paludines, les coquilles d'un tout petit crustacé du genre *Cypris*, analogue à ceux qui fourmillent dans nos eaux stagnantes, les larves bien caractérisées d'un type de diptères et surtout des fourreaux de phryganes. Ce sont aussi, avec des poissons de la famille des cyprins, des insectes aquatiques tels que des dytiques et des hydrophiles. Les espèces qui fréquentent le voisinage des eaux sont en grand nombre; il y a en quantité des charançons, des tipules, et beaucoup d'autres diptères, puis quelques abeilles solitaires et des libellules. L'ensemble, remarque M. Oustalet, présente une association de types indigènes et de types maintenant étrangers à l'Europe ; c'est dans le bassin de la Méditerranée que se trouvent de nos jours plusieurs des types représentés dans l'ancienne faune du Puy de Corent. La présence de végétaux tels que des figuiers, des eucalyptes, des *smilax* mêlés à des séquoias et à des pins, annonce que la région de l'Auvergne, où les marnes calcaires se sont déposées, jouissait d'une agréable température. Dans les flores et les faunes anciennes, il est ordinaire de rencontrer à côté des formes européennes des formes qui, à l'heure présente, existent seulement dans de lointaines parties du monde. M. Alphonse Milne Edwards a montré qu'à l'époque tertiaire vivaient sur notre sol, en même temps que des oiseaux palmipèdes, des échassiers, des rapaces plus ou moins voisins de nos espèces actuelles, un solitaire peu différent de celui de l'Afrique australe, des couroucous, même des perroquets. Pour les mammifères, des associations analogues sont partout signalées.

Les gypses d'Aix en Provence, plus anciens que les schistes d'OEningen et que les marnes calcaires de l'Auvergne, nous ont conservé les empreintes d'une infinité de plantes et d'un grand nombre d'insectes. M. de Saporta, qui a fait du terrain et de sa végétation une étude profonde, a décrit avec bonheur l'aspect que devait offrir la contrée à une époque reculée de la période tertiaire. « Sur l'emplacement occupé par la ville d'Aix existait un lac limpide aux bords escarpés sur quelques points, dit le savant paléontologiste, dominé d'un côté par une sorte de promontoire, bordé au sud par une plage sinueuse dessinant une baie où des eaux thermales mêlaient leurs eaux à celles du lac; plus loin, une plaine s'élevait d'une manière insensible, pour disparaître sous une vaste forêt tantôt impénétrable, fleurie et touffue, tantôt presque entièrement dépouillée. La végétation elle-même, poursuit le botaniste, aurait ménagé bien des surprises et découvert à son visiteur une foule de contrastes. Il aurait aperçu des pins, des thuias, des sabines mêlées à des palmiers grêles, çà et là des dragonniers courts et massifs, variés de ton, d'aspect et de port. Il aurait remarqué la rareté des plantes herbacées, et au sein des eaux des colonies de ces bizarres rhizocaulées aux tiges dressées et multipliées, soutenues par des myriades de radicelles descendant de tous côtés et se frayant un passage à travers les feuilles. Un peu plus loin, il faut placer des forêts composées surtout d'acacias au feuillage grêle et menu, de *diospyros*, de juglandées tropicales, d'allantes, de magnolias, de lauriers... » L'harmonie entre les plantes et les mammifères que l'on observe dans certaines régions du monde actuel est aussi un trait de la nature à l'époque qui nous occupe; «seulement, dit avec raison M. de Saporta, tandis que les identités génériques ne sont pas rares dans la flore des gypses d'Aix, où les types éteints sont moins nombreux que les autres, la proportion est inverse pour les mammifères. Parmi ces animaux, les carnassiers n'étaient pas abondants; il y avait des chauves-souris qui poursuivaient les mouches et les papillons nocturnes, des écureuils et des loirs, beaucoup de pachydermes : les uns, ayant une ressemblance avec les tapirs, fréquentaient les bords des lacs et les marécages, les autres se tenaient dans les eaux à la manière des hippopotames; quelques-uns se plaisaient sur les rochers et dans les taillis. Sur les rivages se montraient des palmipèdes, des échassiers, dans la forêt de petits oiseaux; dans les eaux habitaient une sorte de perche et une quantité de lébias. Les insectes fourmillaient certainement sur les bords comme au milieu de la belle végétation; les empreintes recueillies l'attestent. Il y avait des coléoptères carnassiers et des staphylins que volontiers on confondrait avec des espèces de l'époque actuelle, de petits bousiers, une multitude de charançons, les uns vivant aux dépens d'une massette, les autres rongeant des graines ou mangeant le feuillage des arbres; beaucoup d'entre eux ressemblent à des espèces de l'Europe centrale, quelques-unes se rattachent à des types aujourd'hui particuliers à l'Afrique ou à l'Amérique; les chrysomèles étaient abondantes. Les gypses d'Aix fournissent des empreintes de perce-oreilles et de taupes-grillons, de libellules, de punaises de bois et de cicadelles, tous insectes représentés dans notre faune actuelle. Les papillons ont laissé des vestiges; il y a des formes européennes et des formes asiatiques. Assurément on ne possède des restes que d'une bien faible partie des insectes enfouis dans les gypses de la Provence, on en connaît assez néanmoins pour apprécier le caractère général de ce petit monde. En présence d'une collection des insectes fossiles d'Aix, un entomologiste célèbre de l'Angleterre, Curtis, se montrait frappé de voir tant dominer les formes européennes les plus communes et de retrouver les types génériques qui existent encore. Les espèces étudiées sont à présent plus nombreuses, et l'observation du naturaliste anglais n'a pas cessé d'être exacte. Pictet, l'éminent zoologiste de Genève, ne put s'empêcher de constater que l'histoire paléontologique des insectes ne fournit guère d'arguments en faveur de l'idée d'un développement graduel des êtres.

Selon toute vraisemblance, la suite des recherches apprendra que beaucoup de ces frêles créatures vivantes à notre époque ne se distinguent par aucun trait des individus des âges géologiques. Dans l'ensemble, du reste, les flores et les faunes de la période tertiaire ne sont-elles pas singulièrement instructives? Elles diffèrent moins de celles des temps modernes que la flore et la faune actuelles de l'Europe ne diffèrent de celles d'une région de l'Afrique ou de l'Asie, Il y a, comme aujourd'hui, sur une étendue même restreinte, des végétaux d'une infinité de groupes; comme à présent, il y a des mammifères, des oiseaux, des poissons, des insectes, des araignées, des vers, des mollusques. Des types se sont éteints, surtout, semble-t-il, parmi les grands animaux; mais la plupart subsistent, sinon dans les mêmes lieux, du moins dans d'autres parties du globe.

Une végétation de l'époque la plus reculée de la période tertiaire est exhumée aux environs de Sézanne. M. de Saporta y remarque à la fois des espèces analogues aux plantes tropicales des temps modernes et des peupliers, des bouleaux, des aulnes, des ormes, des viornes, des cornouillers, des lierres, qui se distinguent à peine des nôtres par la grande dimension des feuilles. En vérité, si la forêt éocène de Sézanne pouvait un instant renaître toute verdoyante, le botaniste ne serait pas autrement impressionné qu'il ne l'est en comparant le paysage du nord de l'Europe à ceux de l'Europe méridionale et de l'Afrique. Sur le sol de l'Islande, au Groenland, au Spitzberg, sur les bords du fleuve Mackensie, des fouilles amènent la découverte de nombreuses empreintes végétales qui datent de la période tertiaire. Des arbres magnifiques ont couvert autrefois des terres où maintenant la végétation est misérable; une douce température régnait donc alors dans les régions polaires. Un pareil état de l'atmosphère en ces contrées cause sans doute une profonde surprise, néanmoins les espèces végétales ne sont-elles pas presque semblables à celles de nos forêts? M. Oswald Heer les a décrites; des échantillons superbes forment un des trésors du musée de Zurich. Ce sont des chênes, des hêtres, des platanes, des coudriers, des peupliers, des saules, des noyers, des nerpruns, des séquoia, qui la plupart prospéraient en même temps dans l'Europe centrale; toujours les mêmes formes génériques. Si les espèces ont varié, n'est-il pas évident que les traits superficiels seuls ont été affectés à peu près comme il arrive de nos jours à des êtres soumis à des influences diverses ? M. Darwin insiste sur la pauvreté de nos connaissances paléontologiques et, par suite, de la vie dans le monde ancien; il a raison. Bien restreintes en effet sont les parties du globe où des fouilles ont été pratiquées avec méthode. Il est donc permis d'attendre de recherches assidues de nouvelles lumières; mais déjà on prévoit, d'après les découvertes récentes, que la filiation du monde ancien au monde nouveau deviendra de plus en plus sensible.

Examinons l'époque de la craie ; elle est antérieure à la période tertiaire. Des types remarquables caractérisent les formations crétacées, et beaucoup d'entre eux paraissent avoir cessé d'exister. Le fait n'est pas mis en doute pour de grands reptiles ; jusqu'ici nul indice de la présence dans les faunes marines de certains mollusques céphalopodes, des ammonites par exemple, ne s'est révélé. Il ne faut pas cependant se hâter de croire à l'extinction totale de tous les êtres dont les débris se trouvent dans les terrains crétacés. Des explorateurs des fonds de la mer ont observé une vase offrant tous les caractères de la craie; les dépôts contiennent à l'état de vie une multitude de foraminifères, surtout des globigérines semblables à celles des anciennes formations; sur cette vase, on a tiré de grandes profondeurs une sorte d'encrine et une sorte d'oursin qu'on croyait disparues avant la période tertiaire. L'espérance manifestée par Agassiz de voir vivants d'autres animaux de l'époque géologique de la craie pourrait donc n'être pas entièrement déçue. D'ailleurs il est essentiel de ne jamais perdre de vue que, si des formes singulières ont été anéanties vers la fin de cet âge, des crustacés, des zoophytes, des mollusques tels que des térébratules, des huîtres, des peignes, des spondyles, des moules, des nautiles et tant d'autres, sont représentés dans le monde actuel par des espèces plus ou moins voisines. La végétation de l'époque de la craie contraste sans doute avec celle des temps postérieurs. Les fougères, les cycas, les conifères abondent, et il y a des palmiers et des arbres appartenant aux familles dont les bouleaux, les saules, les érables, les noyers, sont choisis comme les types. Malgré l'imperfection des connaissances paléontologiques relatives à l'époque, la diversité des formes dans le règne végétal et dans le règne animal est assez grande pour donner l'idée d'un état de la nature sous de nombreux rapports comparable à celui dont plusieurs régions du globe offrent aujourd'hui le spectacle. Même dans des couches de la terre que les géologues s'accordent à regarder comme antérieures à la formation de la craie, on a trouvé des insectes fossiles; les naturalistes n'ont pas hésité à les rapporter à des genres établis pour des espèces vivantes.

Les réflexions que suggère la période crétacée s'appliquent à la période jurassique; les dépôts marins attestent une grande diversité parmi les mollusques et les poissons, les uns assez éloignés, les autres au contraire peu différents de ceux qui peuplent les mers à l'époque présente. Pendant cet âge vivaient les ichthyosaures et les plésiosaures. Au milieu des formations marines, des dépôts lacustres révèlent l'existence d'îles où s'élevaient des fougères, des sagoutiers, des cycas, des araucarias. Des crocodiles erraient sur les rivages, les insectes abondaient en ces lieux ; on a recueilli des empreintes de libellules, de punaises de bois, d'hyménoptères, de coléoptères de familles diverses.

Comme nul vestige de mammifères n'a été observé dans les plus anciennes couches de la terre, on a volontiers répété beaucoup trop vite que seuls des êtres d'organisation très simple avaient peuplé le globe pendant les premiers âges. Or dans le monde actuel se trouvent l'amphioxus, l'animal vertébré dont l'organisme est le plus imparfait, et les lamproies, qui occupent le dernier rang parmi les poissons. « Nécessairement, dit Agassiz, s'il y avait quelque vérité dans le transformisme, les plus anciens vertébrés connus seraient des êtres très imparfaits, au contraire ce sont des sélaciens et des ganoïdes, les plus élevés de tous les poissons par la structure. L'existence des sélaciens à l'aube de la vie, ajoute excellemment l'illustre professeur de Cambridge, est en contradiction avec un développement graduel et progressif; ils abondent dans les couches palæozoïques, et ces formes fossiles sont tellement semblables aux représentants actuels du même groupe que ce qui est vrai de l'organisation et du développement des derniers est, sans contestation possible, également vrai pour les premiers. » Sollicité par l'évidence des faits, Agassiz dira encore : « Les poissons inférieurs ne se montrent qu'à la dernière période de l'histoire de notre globe, à celle qu'on appelle la période actuelle, à celle dont nous datons nous-mêmes. Voilà qui est loin certes de ressembler à une série bien enchaînée, commençant par les formes les plus basses pour finir par les plus parfaites, car les poissons supérieurs arrivent les premiers, et c'est seulement à la fin que viennent les espèces inférieures. » Sur ce point, la réserve cependant paraît nécessaire. On n'a pas trouvé dans les anciennes formations géologiques de poissons analogues à nos lamproies, mais un jour peut-être on en trouvera. La coexistence prouvée des types d'organisation inférieure et des types comptant au nombre des plus riches organismes n'occasionnerait aucune surprise; elle est du monde actuel; d'après l'ensemble des notions acquises, elle a été plus ou moins de tous les âges. Les compagnons des sélaciens, aux périodes géologiques, étaient ces curieux ganoïdes qui font partie des représentants les plus élevés de la classe des poissons; ce sont aussi des mollusques, des crustacés étranges, comme les trilobites et d'autres formes offrant une parenté zoologique avec les limules. Les crustacés sont en quantité dans les terrains siluriens et devoniens qui reposent sur les couches où l'on a observé les premières traces de la vie sur le globe. Les trilobites dénotent une structure très complexe; le principal historien de ces curieux animaux fossiles, M. Barrande, a recueilli en Bohême de si nombreux individus de certaines espèces qu'il a pu reconnaître les changements qui survenaient dans les formes extérieures par les progrès de l'âge. Qu'on juge maintenant si les êtres marins des temps les plus reculés peuvent être pris pour les formes embryonnaires des poissons, des mollusques, des crustacés répandus dans les mers du monde moderne.

V.

Les vues du savant qui essaya d'expliquer l'origine des êtres ont été rappelées, des faits mis en lumière par l'observation et l'expérience ont été signalés; une contradiction perpétuelle est apparue. Dans un cadre étroit, mettons, encore un instant en présence l'hypothèse et la réalité.

Supposant les êtres capables de se modifier dans les plus larges limites et admettant qu'un type est l'origine de formes très diverses, on invoque la variabilité des espèces au sein de la nature. Nous soumettons à l'examen le plus scrupuleux une foule de plantes et d'animaux, toute incertitude est écartée; il y a souvent une étonnante ressemblance entre les individus disséminés sur de vastes espaces, parfois des variations dans la taille, dans les couleurs, dans l'aspect, mais aucun caractère important n'est affecté, partout le type spécifique demeure; le naturaliste ne peut hésiter à le reconnaître lorsque l'étude a été suffisante. Les curieuses modifications qui surviennent chez les animaux domestiques et chez les plantes cultivées sont décrites, les résultats de la sélection sont rappelés dans le dessein de convaincre que les êtres peuvent subir d'énormes changements. Portant une sérieuse attention sur le sujet, nous n'apercevons que de simples altérations des traits superficiels, nous reconnaissons la dégénérescence, nous constatons des anomalies de l'organisme et toujours l'empreinte de la domesticité chez les animaux, les signes de la culture chez les plantes. Le retour presque immédiat à l'état primitif des créatures qui échappent à l'action de l'homme rend manifeste à tous les yeux la persistance des types ; l'impossibilité de dénaturer une espèce se prouve par la multitude et par la durée des expériences. A la lutte pour l'existence, on impute la mort des individus chétifs, la survivance des individus les plus robustes ou les mieux doués ; par suite, on imagine un continuel accroissement de perfection pour les êtres. Nous nous assurons que, dans les combats pour la vie, les hasards servent les faibles aussi bien que les forts, que la ruse supplée à la vigueur souvent avec succès, que la faculté procréatrice pour toutes les espèces est dans un rapport merveilleux avec les chances de destruction. Avec un art consommé et d'habiles détours, on attribue à la sélection naturelle des métamorphoses à la fois lentes et infinies; oubliant combien l'hérédité se montre capricieuse, on veut croire que chaque avantage obtenu par la créature se transmet à sa postérité et se prononce de plus en plus dans les générations successives; on considère les heureuses appropriations de certains êtres à des conditions de la vie très particulières, et l'on déclare qu'elles ont été acquises par l'influence des milieux. Le spectacle de la nature nous emporte loin de ces rêves. Les exemples de sélection inconsciente ne se découvrent nulle part. Les individus les plus disparates s'unissent, les extrêmes se mêlent dans la masse; tout concourt à maintenir les types. Les êtres jouissant de signes extérieurs propres à les garantir contre les périls ne les perdent à aucun degré dans les circonstances où ils vivent et se propagent sans graves dangers; lorsqu'ils habitent des localités où le vêtement cesse de les dissimuler, ils ne s'approprient point au milieu. L'idée, juste selon toutes les apparences, que des mammifères, des oiseaux, des insectes, éprouvent le charme de certaines beautés physiques est développée; alors, dans l'entraînement à donner un rôle prépondérant aux êtres qui d'une manière accidentelle auraient reçu quelques faveurs de la nature, et à chercher le perfectionnement continu au sein de la création, on finit par prêter à des animaux les sentiments les plus exquis de l'âme humaine, qui sont dans l'humanité de très rares exceptions. Sur la scène du monde, c'est autre chose; nous remarquons fréquemment des unions se contracter entre de beaux individus et des sujets fort déshérités, entre les plus grands et les plus petits, presque toujours nous voyons mâles et femelles profiter de toute rencontre et ne s'occuper nullement d'un choix. De telles alliances sont favorables à la conservation des types.

On indique la possibilité de modifications dans l'origine des êtres avec un changement d'habitudes ou de conditions d'existence. L'observation nous force de reconnaître que des espèces indifférentes, dans une certaine mesure, soit au climat, soit au régime, ne subissent pas de variations bien sensibles, que la plupart meurent faute du régime et du séjour ordinaires. La pensée d'une communauté d'origine soit pour des espèces d'un même groupe, soit pour des types très caractérisés, sollicite sans trêve l'attention. Mainte fois les expérimentateurs s'efforcent de faire multiplier les produits de deux espèces végétales ou animales distinctes, les hybrides s'éteignent; plus ou moins tôt, la stérilité arrête la propagation. Un doute ne subsiste dans la science que pour la descendance de quelques espèces extrêmement voisines. Dans les circonstances où prédomine l'un des éléments de la production des hybrides, l'autre s'efface. Ainsi se révèlent le caractère indépendant des types spécifiques et l'impossibilité de fondre deux espèces ou de constituer une nouvelle forme permanente. On déclare l'évolution des êtres incessante. L'hypothèse se montre encore absolument dénuée de fondement; simple ou complexe, l'évolution de toute créature s'accomplit avec une invariable régularité; jamais elle ne se prolonge au-delà d'une limite nettement tracée pour chaque type.

Songeant à l'état de la vie sur le globe durant les périodes géologiques, et s'appuyant de notions incomplètes, on présume que des êtres primitifs sont les ancêtres de plantes et d'animaux de l'époque actuelle, tellement éloignés des formes originelles que la filiation a été méconnue. Portant le regard sur les flores et les faunes de la longue période tertiaire, flores et faunes nous apparaissent vraiment comparables à celles d'un pays encore inexploré, où l'on observe des types qui n'existent point ailleurs et des formes voisines ou même semblables à celles qui se rencontrent en d'autres régions. Aurions-nous donc autre chose, si, la vie tout à coup s'éteignant sur une portion de l'Afrique, de l'Amérique ou de l'Australie, on ne pouvait plus étudier les plantes et les animaux de ces contrées que sur des restes plus ou moins imparfaits? Pour les premiers âges du monde, seules des stations restreintes, des formations marines, sont tombées sous l'observation; les animaux dont elles recèlent les débris, se rattachant à des types très variés, n'étaient ni plus étranges ni moins bien organisés que ceux des mers actuelles. A la grave objection, souvent adressée aux défenseurs de l'idée des transformations indéfinies, qu'on ne voit nulle part de passage insensible entre les formes spécifiques bien caractérisées et surtout entre les types de groupes, l'auteur du livre sur *l'Origine des espèces* répond que sans doute les intermédiaires ont disparu. On rappelle l'absence de ces intermédiaires jusque dans les flores et les faunes éteintes, il insiste sur la pénurie des connaissances paléontologiques. Si la vérité était de son côté, ne faudrait-il pas s'étonner néanmoins qu'aucun exemple de transition réelle n'ait encore été découvert? Car les fossiles exhumés sont déjà en nombre considérable. On possède les restes fossiles de plusieurs singes; ces quadrumanes ne se distinguent point des espèces vivantes par une plus proche parenté avec l'homme.

En résumé, si l'on considère la nature, l'esprit libre de toute idée préconçue et dégagé de toute préoccupation étrangère à la science, accordant confiance seulement aux faits mis en lumière par l'observation et l'expérience, les espèces végétales et animales s'annoncent comme ayant eu dès leur apparition sur le globe tous les caractères qui les distinguent dans le temps actuel. Que l'espèce ait commencé par un simple germe, nous l'ignorons; s'il en est ainsi, tout nous dira que l'évolution n'a pas pu être longue. Que les différentes sortes de plantes et d'animaux soient venues dans le même moment, on ne peut guère le croire. Il y a grande probabilité que les naissances ont été successives; l'absence de restes de mammifères et surtout de vestiges humains dans les anciennes couches de la terre parait une preuve convaincante. On n'a jamais vu et l'on ne saurait se figurer l'apparition d'un être ne dérivant pas d'un autre être; ce serait donc folie de prétendre expliquer la création. Si, comme le supposent les adeptes du transformisme, toutes les espèces provenaient de quelques types primitifs ou même d'une seule cellule primordiale, l'apparition ou de ces types ou de cette cellule mère du monde vivant ne serait ni plus explicable, ni moins extraordinaire à nos yeux que l'apparition d'une multitude de créatures. L'investigateur, ainsi que Cuvier le voulait pour lui-même, ne doit jamais avoir « besoin d'autre chose que ce qui est. » Si, au lieu de preuves contraires, il avait un indice que des êtres simples à l'aube de la vie sont les premiers parents des êtres les plus parfaits, très volontiers il l'admettrait. Si, encore dépourvu de preuves contraires, il voyait une probabilité que l'homme descend d'un singe ayant pour premier ancêtre un misérable mollusque, sans peine il le proclamerait. Pour ceux qui poursuivent la recherche de la vérité, toute vérité découverte est une noble et précieuse conquête. Si l'homme descendait d'une forme animale inférieure, l'histoire de ses transformations nous jetterait dans une sorte d'extase; notre pensée plongeant dans l'avenir nous ferait voir l'homme atteignant après de nouvelles transformations un état de perfection surpassant l'état actuel, comme celui-ci surpasse la condition du ver de terre. Ce serait un beau sujet de philosophie; mais assurément on n'aura jamais à le traiter.

Le succès des ouvrages de M. Darwin n'est pas très difficile à comprendre. Vraiment habile dans l'exposition, sans fracas le savant promet à son lecteur de l'acheminer vers la solution d'un grand problème, c'est assez pour séduire. Rappelant une infinité d'observations, donnant carrière à l'imagination, paraissant répondre d'avance à des objections, il marche avec la lenteur calculée de l'homme qui entreprend un long voyage, sûr d'atteindre le but; de la sorte, il inspire confiance. Affirmer l'origine commune des espèces, c'était déclarer à peu près inutiles les distinctions qui ont coûté un prodigieux labeur. L'idée de voir détruire l'œuvre de quelques milliers d'investigateurs et d'un seul coup anéantir un incomparable monument de la patience humaine dut causer bien des joies secrètes. Une préoccupation bornée à l'avantage personnel n'a pu manquer d'assiéger plus d'un esprit. Il faut un travail très persistant pour faire l'étude des êtres d'une seule classe; comment ne pas admirer une doctrine qui permet à chacun de se croire avec peu d'effort en possession de la science, et encore de la science de l'avenir? C'est ailleurs peut-être cependant qu'on doit chercher la cause principale de la renommée de M. Darwin : des personnes pieuses se sont émues, d'autres ont été ravies, à la pensée que, l'origine de la vie découverte, d'antiques croyances recevraient de graves atteintes. Des naturalistes certes bien éloignés de croire à la transformation indéfinie et au perfectionnement continu des êtres estiment que le savant anglais aura rendu service à la science en appelant l'examen sur la variation des espèces. Il aura occupé les esprits de mille sujets pleins d'intérêt, de hautes questions, d'un grand problème; c'est assez pour rendre nécessaire la discussion de sa doctrine.

Made in the USA
Monee, IL
18 October 2026

66039176R00094